BASIC MASTER SERIES 537

はじめてのメルカリ

[著] 吉岡 豊

秀和システム

本書の使い方

- 本書では、初めてメルカリを使う方や、いままでメルカリを使ってきた方を対象に、メルカリの基本的な操作方法から、メルカリを使いこなすための様々な便利技や裏技など、一連の流れを理解しやすいように図解しています。また、スマートフォンの「メルカリアプリ」にも完全対応しています
- メルカリの機能の中で、頻繁に使う機能はもれなく解説し、本書さえあればメルカリのすべてが使いこなせるようになります。特に、売上UP!が期待できる裏技など役に立つ操作は、豊富なコラムで解説していて、格段に理解力がアップするようになっています
- スマートフォン・タブレット・パソコンに完全対応しているので、お好きなツールでメルカリを活用することができます

紙面の構成

タイトルと概要説明

このセクションで図解している内容をタイトルにして、ひと目で操作のイメージが理解できます。また、解説の概要もわかりやすくコンパクトにして掲載しています。ポイントなるキーワードも掲載し、検索がしやすくなっています。

丁寧な手順解説テキスト

図版だけの手順説明ではわかりにくいため、図版の上に、丁寧な解説テキストを掲載し、図版とテキストが連動することで、より理解が深まるようになっています。逆引きとしても使えます。

大きい図版で見やすい

手順を進めていく上で迷わないように、できるだけ大きな図版を掲載しています。また、図版には番号を入れていますので、次の手順がひと目でわかります。

SECTION 07 Key Word メルカリアカウントの取得

メルカリアカウントを取得しよう

メルカリの利用を始めるには、メルカリアカウントを取得する必要があります。アカウントには、メールアドレスと氏名、住所、電話番号などの個人情報を登録し、1ユーザーにつき1つのみ作成することができます。

メルカリアカウントを取得する

1 [メルカリ] アプリを起動する

[メルカリ] アプリのアイコンをタップし、[メルカリ] アプリを起動します。

2 ログイン画面を表示する

[会員登録・ログイン] をタップし、ログイン画面を表示します。

3 会員登録画面を表示する

[会員登録はこちら] をタップし、会員登録画面を表示します。

15:44 キャンセル login.jp.mercari.com mercari ログイン 会員登録はこちら メールまたは電話番号

1 [会員登録はこちら] をタップ

メモ はじめて商品を購入する際に会員登録がかんたんになった

Webブラウザ版では、商品購入の流れの中で新規会員登録できるようになりました。アカウントを持っていないユーザーが商品の詳細ページで [購入手続きへ] をクリックし、購入手続き画面を表示すると、画面下部にユーザー登録画面が表示されるので、必要な情報を入力しアカウントを取得します。商品購入手続きから離れることなく会員登録でき、操作性が大幅に改善しました。

40

本書で学ぶための3ステップ

STEP1 メルカリの基礎知識が身に付く

本書は大きな図版を使用しており、ひと目で手順の流れがイメージできるようになっています

STEP2 解説の通りにやって楽しむ

本書は、知識ゼロからでも操作が覚えられるように、大きい手順番号の通りに迷わず進めて行けます

STEP3 やりたいことを見つける逆引きとして使ってみる

一通り操作手順を覚えたら、デスクのそばに置いて、やりたい操作を調べる時に活用できます。また、豊富なコラムが、レベルアップに大いに役立ちます

4 アカウントの作成方法を選択する

会員登録の方法を選択します。ここでは［メールアドレスで登録］をタップし、メールアドレスでのアカウント作成を選択します。

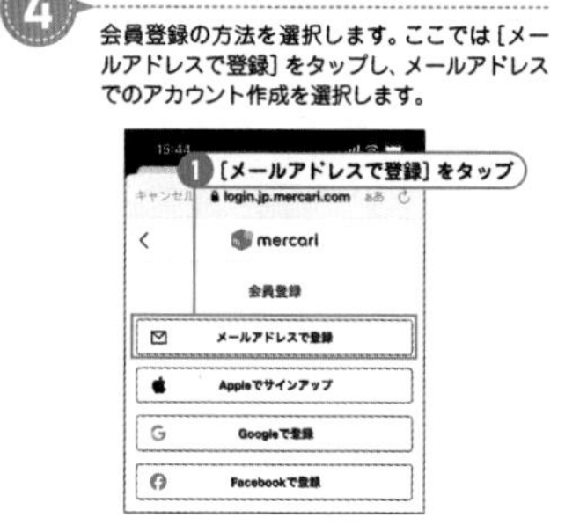

ヒント 他のアカウント情報を利用してアカウントを作成する

メルカリでは、メールアドレスを利用したアカウントの作成のほかに、Appleアカウント、Googleアカウント、Facebookのアカウントのいずれかの情報をもとにアカウントを作成することができます。その場合、手順4の図で目的のアカウントをタップし、表示される画面の指示に従って、メルカリのアカウントを作成します。

5 メールアドレスとパスワードを登録する

メールアドレスを入力し、8文字以上のパスワードを半角英数字・記号で入力して、［次へ］をタップします。メルカリからのお知らせを受け取る場合は、［メルカリからのお知らせを受け取る］をオンにします。

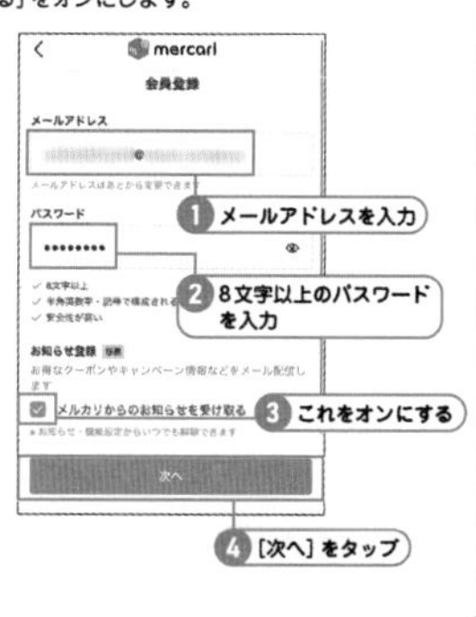

6 パスワードを保存する

ログインパスワードを保存するかどうかを選択します。ここでは、次回以降パスワードの入力を省略するために、［パスワードを保存］をタップします。

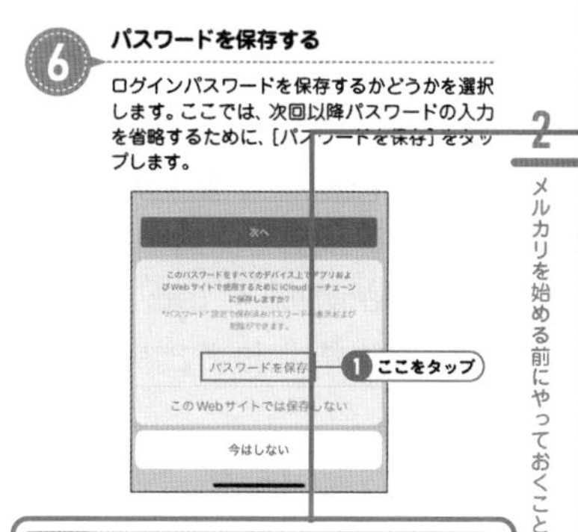

メモ 招待コードとは

「招待コード」は、既存ユーザーが新規ユーザーをメルカリに招待する際に使用するコードです。新規ユーザーがメルカリアカウント取得操作の中で登録すると（手順7の図参照）、招待したユーザー、招待されたユーザー双方にメルカリポイント500ポイントが付与されます。なお、招待コードは、下部で［マイページ］を選択すると表示される画面の［クーポン・キャンペーン］にある［招待して500ポイントゲット］をタップすると取得できます。

7 ニックネームと招待コードを登録する

メルカリ上に表示されるニックネームを入力して、招待コードを持っている場合は入力して、［次へ］をタップします。ニックネームは、ひらがなや漢字での入力も可能です。

2 メルカリを始める前にやっておくこと

41

豊富なコラムが役に立つ

手順を解説していく上で、補助的な解説や、楽しい便利技、より高度なテクニック、注意すべき事項などをコラムにしています。コラムがあることで、理解がさらに深まります。

コラムの種類は全部で3種類

コラムはシンプルに3種類にしました。目的によって分けていますので、ポイントが理解しやすくなっています。

覚えておくと便利な手順や楽しむために必要な事項などをわかりやすく解説しています。

応用的な手順がある場合や何かをプラスすると楽しさが倍増することなどを解説しています。

操作を進める上で、気をつけておかなければならないことを中心に解説しています。

はじめに

駅前や公園で開催されているフリーマーケットって、楽しいですよね。欲しいものが見つかったり、掘り出し物に出会えたりします。しかも、それが安いんです。なんなら、値下げしてもらえて、お得感満載で持ち帰れることができます。出品者もそうですよね。処分しなきゃいけないと思っていた物を喜んで買ってくれるお客さんがいます。ちょっとしたお小遣いになっちゃうわけです。みんな、楽しいのにどうして毎日やらないんだろう…って思いませんか？

それをやっちゃったのがメルカリなんです。楽しいフリマに、いつでも、どこからでも参加できます。［メルカリ］アプリやパソコンのWebブラウザを使ってまずは見てみましょう。少し汚れていても、使いかけでも、壊れていたって売れています。まずはお得を実感するために買ってみましょう。そして、売ってみましょう。たった１つの商品しかなくてもいいんです。使いかけでも、壊れててもいいんです。気軽に、空いた時間で出品してみましょう。

本書では、メルカリに参加したいと思っている人、メルカリを始めたばかりの人に、より楽しいメルカリライフを送ってもらえるように、その概要から商品の購入、出品、発送まで図で手順を追いながら丁寧に解説しています。メルカリの最も素敵なところは、気軽さです。気軽に購入して、気軽に出品できること。そして、気軽にハッピーになれるところだと思うのです。本書が、皆さんのハッピーを少しでも後押しできれば、それが私のハッピーです。

2024年4月
吉岡　豊

目次

5章 パソコンでメルカリを始めるには 157

6章 メルカリで成功するためのノウハウ 181

Key Word 新機能一覧

巻頭特集 メルカリに追加された主な新機能

メルカリは、さまざまな機能が追加され、改善され、常に進化を続けています。どの新機能も、使いやすさの向上をメインに、ユーザーエクスペリエンスの充実につながっています。ここでは、2024年3月現在搭載されている最新の機能を紹介しています。

新機能❶ 自動で値下げができるようになった

アプリでは、商品の価格を自動的に値下げできるようになりました。自動価格調整機能では、商品の価格を指定した最低販売価格に達するまで毎日100円ずつ値引きできます。

6:55

商品の情報を入力

販売価格

販売価格 ¥600
¥300-9,999,999

販売手数料 (10%) ¥60

販売利益 ¥540

出品中に自動で価格を調整する
設定した最低販売価格まで、毎日¥100ずつ自動で値下げします

最低販売価格 ¥400

販売手数料 (10%) ¥40

販売利益 ¥360

自動価格調整について

クーポン クーポンがあります

禁止されている行為および出品物を必ずご確認ください。また、加盟店規約およびプライバシーポリシーに同意の上、「出品する」ボタンを押してください。

変更する

出品を一時停止する

新機能❷ タイムセールを開催できるようになった

アプリでは、タイムセールを開催できるようになりました。出品している商品ページで、[タイムセールをする]をタップすると表示される画面で、値引き金額と期間を指定するだけ簡単に設定できます。

23:31

タイムセールの設定

ールしてみましょう。

ドリームトミカ ピーナッツ ガールズバス
¥600 送料込み

金額を選択する

¥570 (5% OFF)

¥540 (10% OFF)

¥510 (15% OFF)

金額を入力する

時間を選択する

1時間

3時間

6時間

タイムセールをする

新機能❸ 出品時に商品写真を20枚まで登録できるようになった

アプリでは、出品時に登録できる商品写真が20枚まで登録できる用意になりました。20枚まで増えたことで、使用例やイメージ写真まで掲載し、商品の魅力をアピールできます。

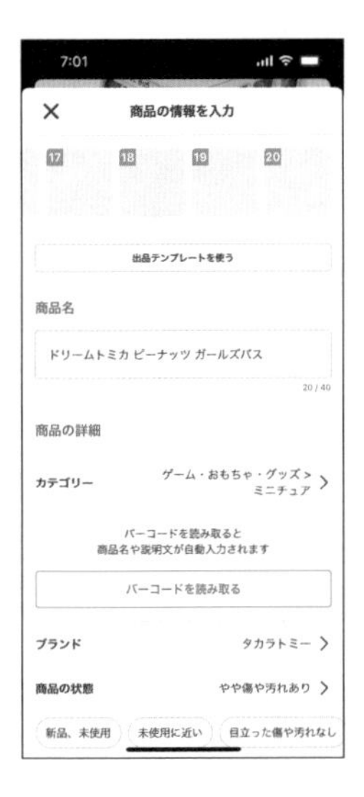

新機能❹ コメントと取引メッセージで絵文字が使えるようになった

アプリでは、コメントや取引メッセージで絵文字を使えるようになりました。絵文字を交えて楽しくコミュニケーションを交わしてみましょう。

新機能❺ 画面の表示をダークモードに設定できるようになった

アプリでは、ダークモードに切り替えることで、目への負担が軽減され、長時間の利用でも楽になります。

新機能❻ iOSアプリで商品写真を撮影した際の性能アップ

iOS版のアプリでは、カメラ機能のピントがすばやく合うように改善され、画質も向上しました。

新機能❼
商品写真を一覧表示できるようになった

アプリでは、複数の商品写真が登録されている場合、商品ページの商品写真右下にあるタイルのアイコン 1/7 をタップすると、商品画像を一覧で表示させることができるようになりました。

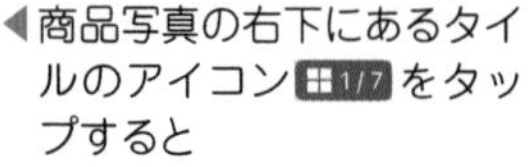
◀商品写真の右下にあるタイルのアイコン 1/7 をタップすると

▲商品画像の一覧が表示されます

新機能❽
はじめて商品を購入する際に会員登録がかんたんになった

Webブラウザ版では、商品購入の流れの中で新規会員登録できるようになりました。商品購入手続きから離れることなく会員登録でき、操作性が大幅に改善しました。

新機能❾
いいね！一覧画面から購入できるようになった

Webブラウザ版では、上部に表示されている［いいね！］のアイコンをクリックすると表示される自分が［いいね！］した商品一覧で、目的の商品を購入できるようになりました。商品にアクセスしなくても気軽に商品を購入できて便利です。

1章

メルカリの『基本のキ』

「メルカリ」は、オンラインで物を売ったり買ったりできるフリマサービスです。「フリマ」はわかるけれども、オンラインのフリマサービスというと、途端にイメージがあいまいになってしまいます。オンラインだと売る人も買う人も相手が見えないことに不安を覚えることもあるでしょう。この章では、オンラインストアやネットオークションとの違いやそのしくみなど、メルカリとオンラインフリマサービスの概要や機能、ルールといった基本的な情報をまとめています。まずは、メルカリの概要を確認してみましょう。

SECTION 01

Key Word メルカリの概要

そもそもメルカリってなに？

メルカリは、ユーザーが物を売買できるオンラインのフリマサービスです。文字通り「インターネット上にあるフリーマーケットのサービス」ですが、具体的にイメージしにくいかもしれません。ここでは、メルカリとフリマサービスの概要を確認します。

メルカリってどんなサービス？

「メルカリ」は、フリマ形式で物を売り買いできるオンラインサービスです。公園などで行われるフリーマーケットのように、家にある使わなくなったものなどを売ったり、逆にそれを買ったりすることができます。販売者は不要な物がすぐに現金化でき、購入者は欲しいものが安く手に入ることから広く利用されています。しかし、取引する際、互いに相手が見えず、商品を実際に触れて確認することができないため、トラブルになるリスクもあります。まずは、フリマサービスの概要やメリット・デメリットを確認して、メルカリへの知識を深めるところから始めましょう。

いつでも、どこでも
売れる！買える！

家にあるいらないモノを
すぐに現金化できる！

中古品･使いかけの
モノも売れる!!

リアルのフリーマーケットとメルカリは何が違うの？

公園や広場で開催されるフリーマーケットは、不用品を安く売買できる機会として広く行われています。購入者のメリットとしては、購入するモノを手に取って確認できることと、販売者と直接価格を交渉できることです。その場で売買が完結し、気持ちよく取引できます。販売者のメリットは、不用品をその場で現金化できることと、商品を手渡しできるため発送業務がないことでしょう。しかし、販売者は取引が開催日に制限され、売上が天候に左右されます。また、準備や移動に労力がかかるデメリットもあります。購入者のデメリットは、フリーマーケット開催地まで足を運ぶ必要があること、欲しいものがあるかどうかわからないことなどがあります。

▲販売者は売上と労力が、購入者は楽しさが、開催日時や場所、天候に大きく左右される

それに対してメルカリは、インターネット上で提供されているため、いつでもどこからでも利用することができます。また、商品をカテゴリやキーワードで検索でき、好きなモノをかんたんに探し出すこともできます。値段交渉できる機能が用意されていて、欲しいモノを安く気軽に手に入れられることが大きなメリットです。しかし、オンラインサービスのため、商品に触れて確認できないほか、商品が届くまでに時間がかかる、輸送中に破損するなどのリスクがあります。取引相手が見えないため、不安を感じるというデメリットもあります。メルカリのメリットは大きいですが、デメリットとリスクも理解して使い始めてみましょう。

▲リアルフリーマーケットのワクワク感とネットの利便性を兼ね備えたサービス

メルカリとネットオークションは何が違うの？

一般ユーザーが気軽に商品を売買できるオンラインサービスに、「Yahoo！オークション」や「ebay」などに代表される「ネットオークション」があります。ネットオークションは、オークション形式で商品を売買できるオンラインサービスです。販売者は最低価格販売を設定し、欲しい人が現在の価格より高い金額で入札して、期限を迎えたときに最高価格を提示したユーザーが購入する権利を得ます。つまり、設定した最低価格より安い価格で売れることはなく、思いのほか高い値段が付くこともあるわけです。そのため、比較的希少なコレクターズアイテムや部品、販売終了品などが多く出品されていることが特徴で、多少高価でも価値のわかるユーザーが納得して購入する傾向があります。

・Yahoo！オークション

・ebay

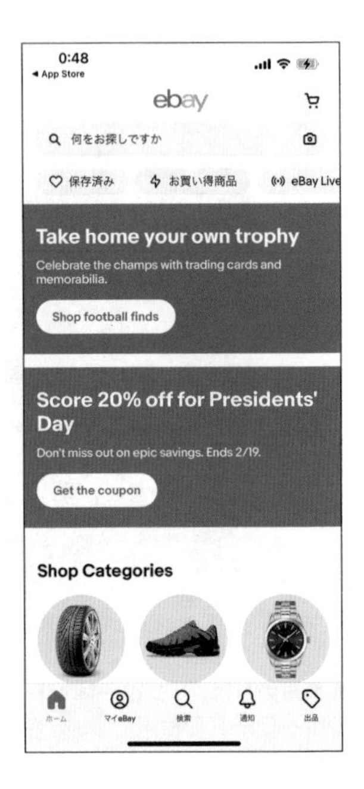

・メルカリ

メルカリでは、値下げ交渉することができ出品者が指定した価格より安い金額で取引されることがあります。そのため、不要になった日用品はもちろん使いかけのクリームといったものまで出品され、販売者は手ごろな価格で回転良く商品を販売しようとする傾向があります。購入者は、必要なモノを必要な量だけ手軽な価格で購入できることから、常にメルカリをチェックし日々のショッピングに利用しているリピーターが多いのも特徴です。販売する商品によって、メルカリとネットオークションを使い分けてみるとよいでしょう。

メルカリと他のフリマサービスとは何が違うの？

代表的なフリマサービスは、メルカリの他に楽天グループが運営するラクマ、Yahoo！JAPANが運営するYahoo！フリマがあります。ここではそれぞれの特徴を確認してみましょう。

・メルカリ

メルカリは、2013年7月にサービスを開始し、2023年8現在、月間利用者数は2200万人以上、累計出品数が30億品を超えていて、1秒間に7.9個の商品が売れています。ユーザー数、取引金額は、フリマサービスの中で圧倒的です。ユーザー数が多いことから、商品が訪問者の目に触れることも多く、売れやすさでは他をリードしています。匿名発送やQRコード決済、クレジット決済に対応し、販売・購入手続きが簡略化されています。ただし、販売手数料が他に比べるとやや高めです。

・楽天ラクマ

楽天ラクマは、楽天グループが運営するフリマサービスで、2012年に誕生した女性向けフリマサービスの「フリル」がベースになっています。そのため、コスメや美容関係など女性向けの商品が多い傾向があります。楽天ラクマの販売手数料は4.5～10%で、支払いには楽天ポイントや楽天キャッシュ、ラクマポイントを利用できることが大きな特徴です。

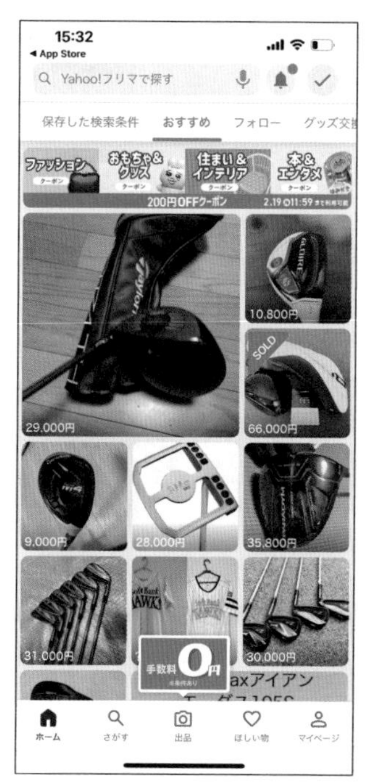

・Yahoo！フリマ

Yahoo！フリマは、2019年 にYahoo！JAPANがリリースしたフリマサービスです。Yahoo！オークションと連携し、同じ商品を双方に出品することができ、支払いにはPayPayを利用することができます。また、販売手数料が、販売価格の5%とフリマサービスの中で最も低いことも特徴です。

SECTION 02

Key Word メルカリの基礎知識

メルカリの基本を確認しよう

メルカリの利用を始める際に、個人情報の漏洩やトラブル対策など、確認したいことがあるでしょう。このセクションでは、メルカリについて気になるポイントをQ&A形式で解説します。メルカリの概要や基本的な機能について、確認しておきましょう。

Q：メルカリはどうやって使うの？

・iOS版アプリ

・Android版アプリ

A：スマホの［メルカリ］アプリから利用します

メルカリは、スマートフォンとパソコンから利用できます。スマートフォンからの場合は、［メルカリ］アプリをインストールして利用します。出品する場合、出品操作の中で商品写真の撮影ができるため、カメラ機能が付いているスマートフォンからの利用が便利です。なお、本書では基本的にiOS版［メルカリ］アプリの画面を使って、操作手順を解説しています。Android版アプリにつきましては、異なる部分をコラムなどで記述します。

・PC Webブラウザ

Q：メルカリは無料で使えるの？　手数料はかかる？

A：商品が売れた場合に販売手数料が掛かります

ユーザー	手数料	
販売者	商品が売れた場合に、代金の10％の販売手数料	
	売上を引き出すための振込手数料	¥200
購入者	商品代金の支払い方法と金額によって手数料が違う	コンビニ払い ATM払い キャリア決済

メルカリへの登録には、費用は掛かりません。もちろん商品の検索や閲覧にも費用は掛かりません。商品を購入する場合は、支払い方法によっては手数料が掛かります。また、商品を販売する場合は、出品に費用は掛かりませんが、商品が購入されたときには、商品代金の10％が販売手数料として徴収されます

Q：代金の決済の方法は？　銀行口座情報を教えなきゃダメ？

A：メルカリが仲介して代金のやり取りを行います

商品を購入した場合、購入者が支払った代金は一旦メルカリが預かり、商品の到着と相互の評価の完了を確認してからメルカリから販売者に支払われます。代金をメルカリが一旦預かることで、販売者、購入者双方の銀行口座情報や個人情報を開示することなく取引が行えます。また、購入者の元に商品が無事に到着してから支払われるため、空売りなどのトラブルを回避することができます。

・メルカリでの取引の流れ

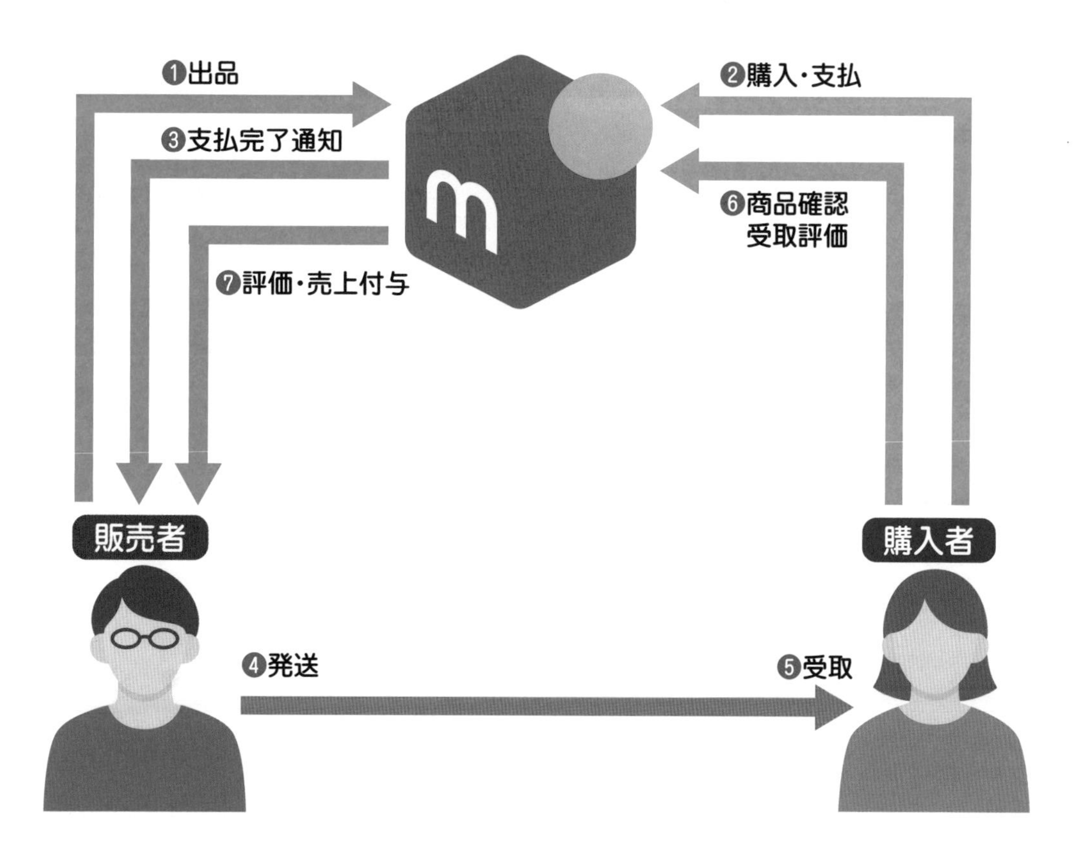

Q：メルペイってなに？

A：［メルカリ］アプリで利用できるスマホ決済サービスです

「メルペイ」は、メルカリの子会社「メルペイ」が提供するスマホ決済サービスです。メルカリで発生した売上金をメルペイ残高にチャージすることができ、メルカリやメルペイ加盟店での支払いに利用することができます。また、銀行口座情報を登録すると、銀行口座からメルペイ残高にチャージすることもできます。

Q：商品の発送にはどんな方法がある？

A：匿名発送も可能です

メルカリでは、「らくらくメルカリ便」や「ゆうゆうメルカリ便」といった匿名による配送サービスが用意されています。これらの匿名配送サービスでは、購入者の住所や宛先をコード化することで、出品者も購入者も名前や住所を開示する必要がなく、安心して商品を配送することができます。なお、普通郵便での発送も可能ですが、その際には住所や氏名などの個人情報が開示されます。

配送方法	サイズ	全国一律料金（税込）	匿名配送	追跡	補償
らくらくメルカリ便 ネコポス	角形A4サイズ	1kg以内　210円	●	●	●
ゆうゆうメルカリ便 ゆうパケット	A4サイズ　3辺合計60cm以内	1kg以内　230円	●	●	●
ゆうゆうメルカリ便 ゆうパケットポスト	【専用箱】32.7×22.8×3cm	2kg以内　215円	●	●	●
	【発送用シール】 3辺合計60cm以内、長辺34cm以内 かつ郵便ポストに投函可能なもの				
ゆうゆうメルカリ便 ゆうパケットポストmini	【専用封筒】 21cm×17cm かつ郵便ポストに 投函可能なもの	2kg以内　160円			

Q：値下げ交渉ができるって本当？

・「値引き交渉可能」を明示している商品

・「希望価格の登録画面」

A：コメントを使ったり、希望価格の登録を利用したりして値下げ交渉できます

メルカリでは、購入者がコメント機能を利用して、販売者に価格の値下げを交渉することができます。販売者は、リクエストを聞き入れて値段を下げても、値下げを断っても構いません。値下げに応じなくてもペナルティはありません。また、コメントによる値下げ交渉が煩わしいと感じる場合は、希望価格の登録機能を利用しましょう。購入者が販売者に対して希望価格を登録し、販売者は登録された金額で値下げするかどうかを判断します。

Q：メルカリには独自の文化があるって聞いたけど…

・「〇〇様専用」

・「値下げ交渉不可」

A：販売者が独自に設定するルールがあります

メルカリでは、メルカリが制定したルールとは別に、販売者が独自に設定したルールがあります。例えば、特定の購入者との値下げ交渉に応じ、取り置きしている商品には、「〇〇様専用」というメッセージが表示されることがあります。また、「値下げ交渉不可」や「いいね不要」といったルールを明示しているケースもあります。メルカリは、独自ルールの強要は禁止していますが、表示については黙認しています。購入者は、独自ルールの有無とその内容を確認してから取引を開始しましょう。

SECTION Key Word メルカリの基本的なルール

03 メルカリの基本的なルールを知っておこう

メルカリでは、販売者、購入者それぞれの禁止行為と取引禁止の商品が定められています。気持ちよく取引するため、トラブルを回避するためにも、あらかじめメルカリのルールを確認しておきましょう。

取引禁止商品を売らない・買わない

メルカリでは、公序良俗に反するモノ、法律に抵触するモノ、トラブルに発展する可能性のあるモノの取引を禁止しています。該当するカテゴリの商品を出品、取引した場合、アカウントの利用制限などの措置が取られることがあります。禁止された商品の取引は絶対にしないようにしましょう。

・主な取引禁止商品

商品カテゴリ	理由
開封済みのサプリメント・健康食品	安全性を確認できないため
記念硬貨・希少な貨幣	貨幣が本来の価値以上で取引されることが規制されているため
商品券やギフト券	金銭と同等に扱われる物であるため
使用期限が切れた化粧品	使用期限の3年を超えると変質する可能性があるため
知的財産権を侵害したハンドメイド商品	キャラクターやアイドルの肖像を利用したハンドメイド商品は知的財産権や肖像権を侵害する恐れがあるため
児童ポルノ・アダルトグッズ・成人向けコミックス	青少年の健全な成長を阻害する物は規制の対象となっているため、児童ポルノ禁止法に抵触するため
使用済みの制服・学生服・体操着	制服は犯罪に利用される可能性があるため。
医薬品やたばこ、農薬など販売に免許が必要なモノ	行政の許可がなければ販売できないため
薬物、危険ドラッグ	取り引きが禁止されているため。人体への影響が人体なモノの取引は規制されているため
中身が明確でない福袋や商品	内包される商品が明確でない場合はトラブルになる可能性があるため
ゲームアカウントなど実体のない電子データ	取引完了後にアカウントにアクセスできなくなるなどのトラブルにつながる恐れがあるため
武器として使用されるもの	犯罪に利用される恐れがあるため
個人情報を含む情報	個人情報が悪用される恐れがあるため

偽物・盗難品は売らない・買わない

ブランド品の偽物を取引することは、商標法や意匠法、著作権法などに抵触する違法行為です。また、購入時のレシートがない、シリアルナンバーの写真掲載がないなど、正規品の確証がない商品の取引も、同様の理由で禁止されています。違反が発覚した場合は、取引キャンセルや利用制限、場合によっては刑事告訴に発展することもあります。偽物の取引は絶対にしてはいけません。

著作権や肖像権などを侵害するようなものは出品できません

盗品は販売できません。盗品とわかっていて購入すると窃盗罪などの罪に問われます

手元にない商品を販売する

手元にない商品を出品することは禁止されています。商品の説明ができない、発送できない、商品到着が遅れるなどのトラブルを避けるためです。また、メルカリではないサービスから購入者宛に直接商品を発送することも禁止されています。商品は手元にある状態で出品し、販売者が責任をもって発送しましょう。

手元に商品がない状態での出品は禁止されています

メルカリが用意した取引の流れに沿わない行為

メルカリでは、個人情報や商品にまつわるトラブル、犯罪を防ぐために販売者と購入者の間にメルカリが入るエスクロー決済システムを導入しています。そのため、メルカリが用意した取引の流れに沿わない行為を禁止しています。例えば、販売者が購入者に商品到着前に評価を促したり、購入者が支払う前に商品の発送を促したりすることなどです。

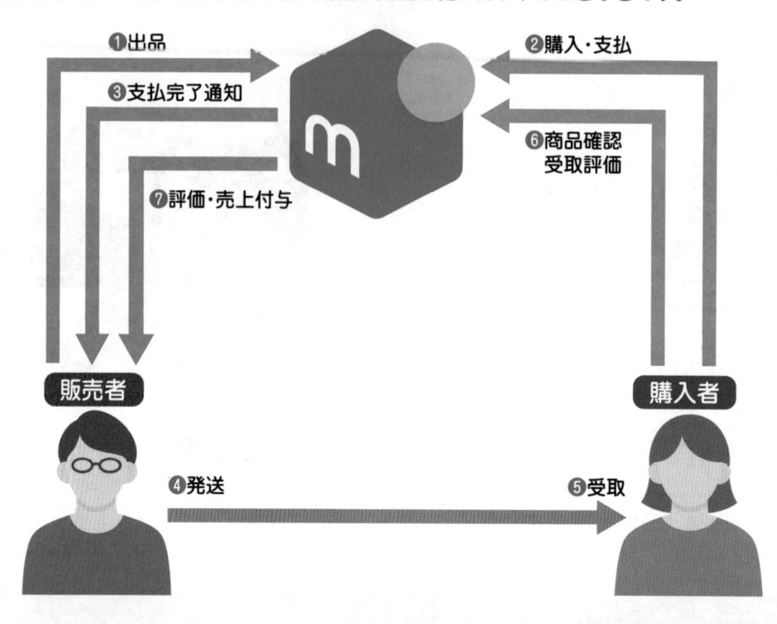

取引完了後、互いに必ず評価する

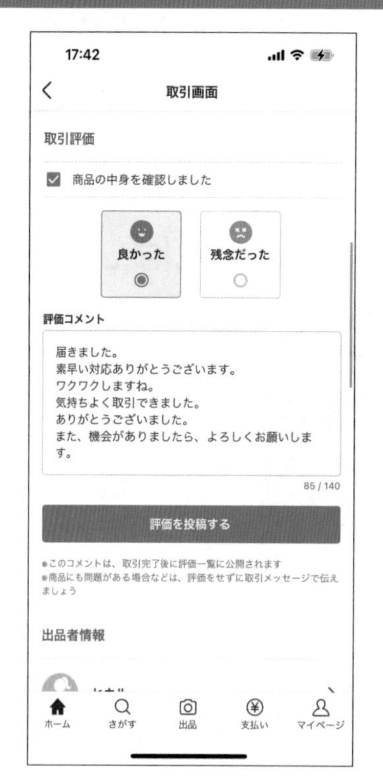

メルカリでは、販売者、購入者の双方が互いを評価するまで取引が完了しません。評価は、商品受け取りや取引完了の確認も兼ねているため、必ず実行しましょう。評価しないと、進行中の取引を破棄することになるため、迷惑行為として警告や利用制限の対象となります。購入者は、商品を受け取ったら、商品説明と照らし合わせて確認し、すみやかに適切な受取評価を行いましょう。販売者は、受取評価を確認後、すみやかに取引に対する評価を行いましょう。

2章

メルカリを始める前に
やっておくこと

メルカリは、商品の販売者と購入者の間に入って代金と商品の授受を管理するエスクロー決済システムを導入しています。そうすることで、トラブルや犯罪を防ぎ、安心して取引することができます。メルカリの利用を始める前に、そのしくみを理解しておくとよいでしょう。また、スマートフォンに［メルカリ］アプリをインストールし、メルカリのアカウントを取得して、メルカリを始める準備を進めましょう。

SECTION 04

Key Word メルカリでの取引の流れ

メルカリでの取引の流れを知っておこう

メルカリでは、販売者と購入者の双方の安全を確保するため「エスクロー決済システム」を採用しています。メルカリが販売者と購入者の間に入って、代金の受け渡しや、商品発送、受取の通知を行います。メルカリでの取引の流れを、確認しておきましょう。

エスクロー決済システムとは

「エスクロー決済システム」は、メルカリが購入者から商品の代金を一旦預かり、購入者が適切に商品を受け取ったことが確認できた時点で、メルカリから販売者に預かっていた代金が支払われるシステムです。販売者と購入者の間に公平な第三者が入ることで、商品と代金の引き渡しについての不安を解消することができます。また、販売者と購入者間で直接銀行口座情報や住所などの個人情報をやり取りする必要がなく、個人情報漏洩や悪用を防ぐこともできます。

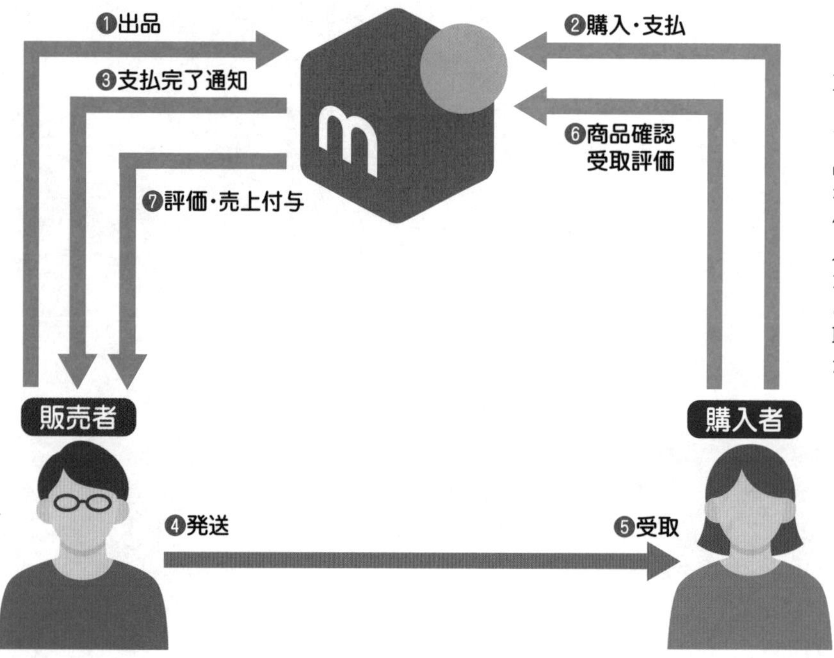

メルカリでは、購入者が代金の支払いを完了すると、メルカリから販売者に通知され、それを受けて商品を発送します。購入者は商品を受け取り、販売条件と相違がないことを確認できたら、受取評価を必ず行います。販売者は、購入者からの受取評価を受け、メルカリから商品代金を受け取ることができます。最後に販売者は、取引全体の評価を送信して、取引が完了します。

代金の支払い方法は11種類から選べる

商品の代金の支払いは、クレジットカードをはじめ、メルカリの子会社が運営するメルペイやスマートフォンのキャリア決済など、11種類の方法から選択できます。手数料が無料で、後払いやWebでの利用を考慮した場合、最も有効な方法はクレジットカード払いでしょう。また、メルペイを利用すると、出品した商品が売れた場合に、その売上をメルペイにチャージでき、すぐに利用できるメリットがあります。目的や支払い易さなどを考えて、自分に合った支払い方法を選択しましょう。

・クレジットカード払い

クレジットカード払いは、支払い手数料が無料で後払いが可能です。カードのポイントも発生するため、最もメリットのある支払い方法です。また、クレジットカード情報は一度登録すると、次回からは入力の必要はなく、スムースに支払いができます。なお、VISA・MasterCard・JCB・AMEX・DinersClub・Discover・セゾンカードです。

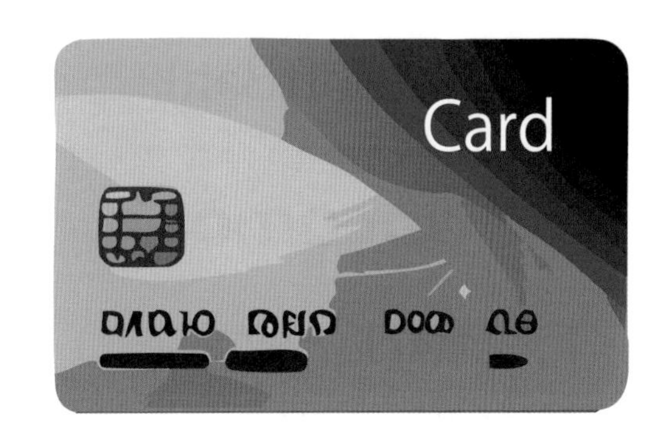

・コンビニ払い

コンビニ払いは、コンビニにある端末から手続きする支払い方法です。コンビニまで行かなければならない上、金額に応じた手数料が掛かってしまいます。なお、コンビニ払いで利用できるコンビニは、セブン-イレブン、ローソン、ファミリーマート、ミニストップ、デイリーヤマザキ、セイコーマートです。また、手数料は次の通りです。

5000円以下	100円
5001～1万円	200円
1万1円～2万円	300円
2万1円～3万円	500円
3万1円～4万円	700円
4万1円以上	880円

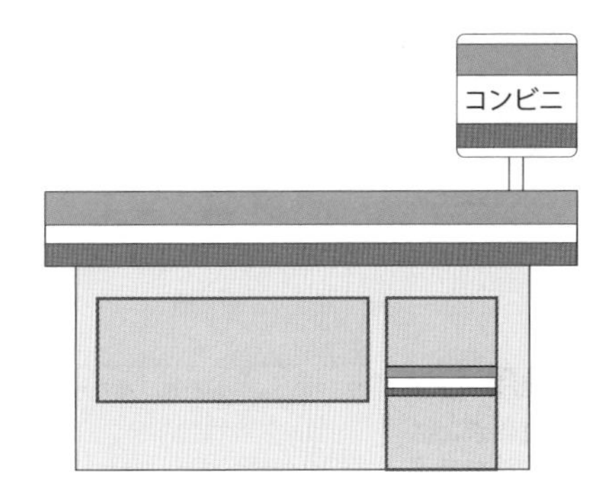

・ATM払い

ATM払いは、銀行のATMやネットバンキングを利用した支払い方法です。決済するたびに手数料が掛かり、1回の決済額上限が10万円に制限されます。また、金額ごとに手数料が決められていて、金融機関によっては、別途手数料が掛かる場合もあります。手数料は次の通りです。

5000円以下	100円
5001～1万円	200円
1万1円～2万円	300円
2万1円～3万円	500円
3万1円～4万円	700円
4万1円以上	880円

・キャリア決済

NTTドコモやソフトバンク、auなどの携帯電話のキャリアが用意している、携帯電話料金と合わせて支払える決済方法です。携帯電話料金請求時に支払うため、後払いとなりますが、100〜880円の決済手数料が掛かります。利用限度額は、ソフトバンクで5万円、auとNTTドコモは10万円です。

・FamiPay

「FamiPay」は、コンビニのファミリーマートが運営するスマホ決済サービスです。手数料は無料ですが、支払い上限が10万円です。ファミペイボーナスやファミペイポイントも貯められるため、ファミリーマートを利用するユーザーにはメリットが高いでしょう。

・メルペイ残高使用

［メルペイ］で本人確認または支払い用銀行口座登録を完了すると、メルカリでの売上金を自動的にメルペイの残高にチャージできるようになります。メルカリの支払い時に［メルペイ残高］を指定すると、商品代金の支払いに利用することができます。

・メルカリポイント使用

「メルカリポイント」は、不定期のくじ引きやキャンペーン、友達紹介のくじ引きなどで取得できるポイントです。また、メルカリでの売上金をメルカリポイントに引き換えることもできます。メルカリでの商品代金の支払いには、1ポイント=1円として利用することができます。なお、メルカリポイントには使用期限があるため、確認の上早めに使用しましょう。

・メルペイスマート払い

メルペイスマート払いは、当月分のメルカリ購入代金を翌月にまとめて精算できるメルペイのサービスです。メルペイスマート払いの支払い方法は、銀行口座からの引き落とし、メルペイ残高の使用、コンビニ払い、ATM払いのいずれかを選択することができますが、コンビニ払いとATM払いでは手数料が発生します。また、メルペイスマート払いでは、任意の定額払いを設定でき、その場合には年率15%の手数料が掛かります。

・Apple Pay

「Apple Pay」は、iPhoneまたはApple Watchで利用できる決済サービスです。決済手数料は無料で、後払いとクレジットカードと同様に使いやすい決済方法です。

・メルカリクーポン使用

メルカリクーポンは、メルカリが配布するクーポンです。多くのクーポンには、メルカリでの支払いが安くなる特典が設定されています。他の支払い方法と組み合わせて上手にクーポンを利用すると、お得な価格で商品を購入することができます。

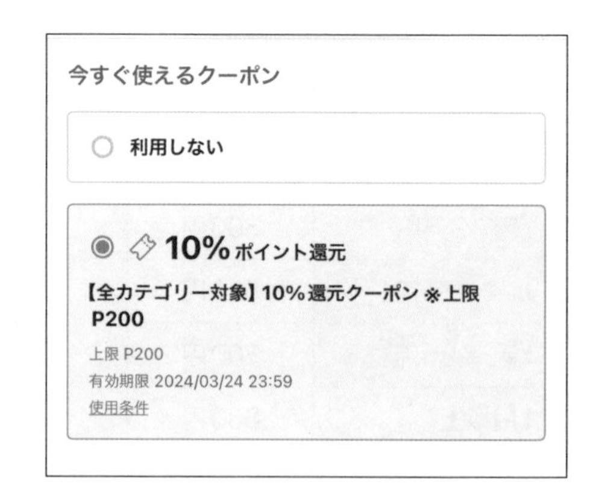

支払い方法		上限額	Webでの利用	後払い可	手数料（税込）
クレジットカード払い		カードにより異なる	○	○	無料
コンビニ払い		30万円未満	○	×	100円〜880円
ATM払い		10万円未満	○	×	100円〜880円
キャリア決済	docomo	10万円まで	○	○	100円〜880円
	au	10万円未満	○	○	100円〜880円
	ソフトバンク	5万円未満	○	○	100円〜880円
FamiPay		10万円まで	×	×	無料
メルペイ残高			○	×	無料
メルカリポイント使用			○	×	無料
メルペイスマート払い		利用者により異なる	×	○	精算方法などにより異なる
チャージ払い			×	×	無料
Apple Payの支払い		クレジットカードの種類や加盟店により異なる	×	○	無料
メルカリクーポン使用		クーポンによる	×	×	無料

メルペイについて知っておこう

「メルペイ」は、メルカリの子会社メルペイが運営するスマホ決済サービスです。メルペイは、［メルカリ］アプリ上に表示されるQRコードを店舗のレジに提示して支払います。メルペイには銀行口座を登録することができ、必要な金額をすぐにメルペイにチャージできて急な支払いにも対応できます。また、メルカリに出品した商品が売れた場合に、その売上をメルペイにチャージすれば、すぐにショッピングや食事などの支払いに利用できます。

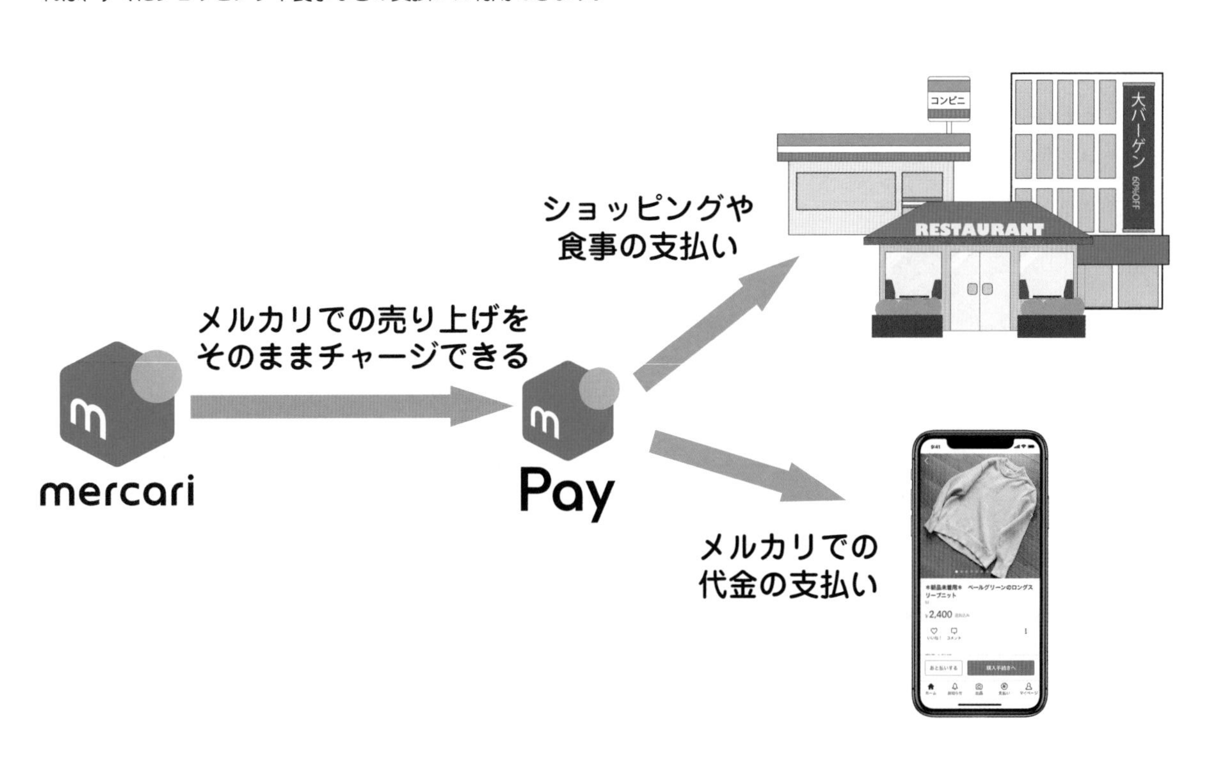

商品は匿名で発送できる

メルカリでは、日本郵便、ヤマト運輸と提携して「らくらくメルカリ便 ネコポス」や「ゆうゆうメルカリ便 ゆうパケット」といった匿名配送サービスを提供しています。匿名配送サービスを利用すると、住所や個人情報を開示することも、宛名書きする必要もなく、コンビニや郵便局で取引完了後に発行されるコードを提示するだけで発送することができます。商品のサイズや重さによって料金が設定されていますが、手ごろな価格で気軽に利用できます。なお、定型郵便やレターパックなど、通常の配送方法も選択可能で、その場合は購入者の住所や氏名などの個人情報を開示してもらう必要があります。

・匿名配送サービス

小〜中型サイズの匿名配送サービス

配送方法	サイズ			全国一律料金（税込）		匿名配送	追跡	補償
	縦	横	厚さ	重さ	価格			
らくらくメルカリ便 ネコポス	角形A4サイズ			1kg以内	210円	○	○	○
	23〜31.2cm	11.5〜22.8cm	3cm以内					
ゆうゆうメルカリ便 ゆうパケット	A4サイズ　3辺合計60cm以内			1kg以内	230円	○	○	○
	長辺34cm以内・厚さ3cm以内							
ゆうゆうメルカリ便 ゆうパケットポスト	【専用箱】32.7×22.8×3cm			2kg以内	215円	○	○	○
	【発送用シール】3辺合計60cm以内、長辺34cm以内、郵便ポストに投函可能なもの							
ゆうゆうメルカリ便 ゆうパケットポストmini	【専用封筒】 21cm×17cm 郵便ポストに投函可能なもの			2kg以内	160円	×	×	×

中〜大型サイズの匿名配送サービス

配送方法	サイズ			全国一律料金（税込）		匿名配送	追跡	補償
	縦	横	厚さ	重さ	価格			
らくらくメルカリ便 宅急便コンパクト	【薄型専用BOX】			450円		○	○	○
	24.8cm	34cm	外寸5cmまで					
	【専用BOX】							
	20cm	25cm	5cm					
らくらくメルカリ便 宅急便	3辺合計200cm以内			120サイズ（15kg以内）	1,200円	○	○	○
				140サイズ（20kg以内）	1,450円			
				160サイズ（25kg以内）	1,700円			
				180サイズ（30kg以内）	2,100円			
				200サイズ（30kg以内）	2,500円			
ゆうゆうメルカリ便 ゆうパケットプラス	【専用BOX】			2kg以内	455円	○	○	○
	17cm	24cm	7cm					
ゆうゆうメルカリ便 ゆうパック	3辺合計170cm以内			60サイズ	750円	○	○	○
				80サイズ	870円			
				100サイズ	1,070円			
				120サイズ	1,200円			
				140サイズ	1,450円			
				160サイズ	1,700円			

・匿名配送以外の配送方法

配送方法	サイズ			全国一律料金（税込）		匿名配送	追跡	補償
	縦	横	厚さ	重さ	価格			
定形郵便	定形封筒など			25g以内	84円	×	×	×
	14～23.5cm以内	9～12cm以内	1cm以内	50g以内	94円			
定形外郵便	規格内 34×25×3cm以内			50g以内	120円	×	×	×
				100g以内	140円			
				150g以内	210円			
				250g以内	250円			
				500g以内	390円			
				1kg以内	580円			
	規格外 3辺合計90cm以内で 長辺が60cm以内			50g以内	200円	×	×	×
				100g以内	220円			
				150g以内	300円			
				250g以内	350円			
				500g以内	510円			
				1kg以内	710円			
				2kg以内	1,040円			
				4kg以内	1,350円			
クリックポスト	A4サイズ以内			1kg以内	185円	×	○	×
スマートレター	【専用封筒】A5サイズ			1kg以内	180円	×	×	×
レターパックライト	【専用封筒】A4サイズ			4kg以内	370円	×	○	×
レターパックプラス	【専用封筒】A4サイズ			4kg以内	520円	×	○	×

SECTION Key Word ［メルカリ］アプリの概要

05 ［メルカリ］アプリについて知っておこう

［メルカリ］アプリは、メルカリが無料で配布しているフリマアプリです。スマホに［メルカリ］アプリをインストールし、アカウントを取得すると、すぐに商品を購入したり、出品したりできます。［メルカリ］アプリの機能や画面構成を確認しましょう。

［メルカリ］アプリの画面構成

［メルカリ］アプリは、［ホーム］、［さがす］［出品］、［支払い］、［マイページ］の5つの画面から構成されています。アプリには、商品の購入から出品・販売、ショッピングできる機能がギュッと詰まっています。それぞれの画面の構成と機能、それらの配置を確認し、効率よく操作しましょう。

・［ホーム］画面

❶［お知らせ］：お得な通知が一覧で表示されます
❷［やることリスト］：商品を販売、購入した際に、次にやるべきことがリストで表示されます
❸［ホーム］：商品リストやクーポン、キャンペーン情報などが表示されます
❹［さがす］：商品をキーワードやカテゴリで検索できます。
❺［出品］：商品を出品するための機能がまとめられています
❻［支払い］：メルペイなどでの支払い機能がまとめられています
❼［マイページ］：プロフィールがメルカリの設定がまとめられています

チェック iPhone版とAndroid版の違い

2024年3月現在、［メルカリ］アプリのiPhone版とAndroid版には、ほとんど違いがみられません。所々、矢印の形が違っていたり、タイトルの配置が違っていたりするくらいで、機能の名称、配置はほぼ同じです。本書では、iPhone版をベースに操作手順を解説していますが、基本的にAndroid版も同じ操作手順で問題ありません。機能の名称が異なっていたり、配置が異なっていたりしたときには、コラムなどに併記しています。

・[ホーム] 画面-[おすすめ]

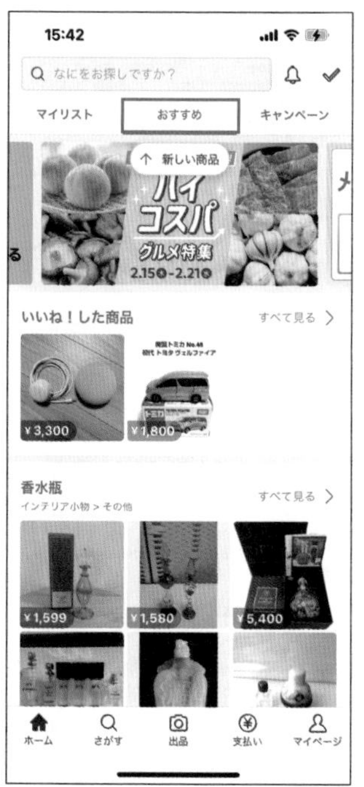

▲ [いいね] を付けた商品や興味のありそうな商品が紹介されます

・[ホーム] 画面-[キャンペーン]

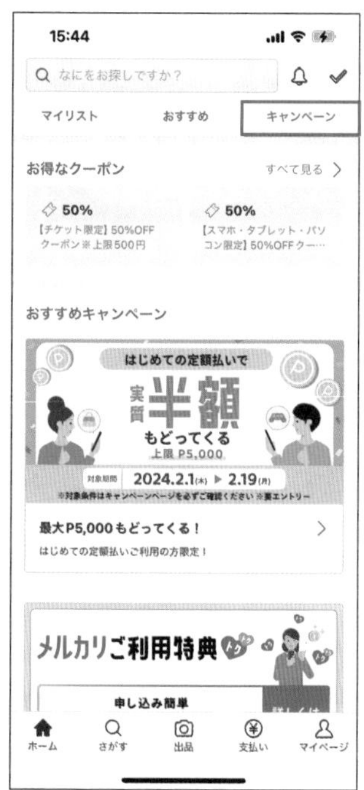

▲キャンペーンやクーポンの情報が表示されます

・[ホーム] 画面-[マイリスト]

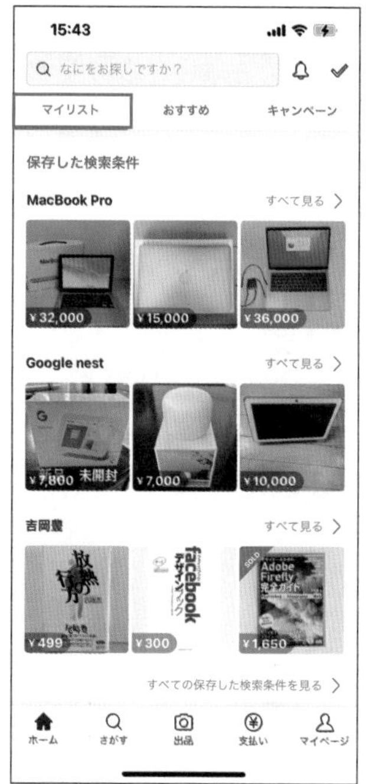

▲保存した検索条件に該当する商品が紹介されます

メモ [ホーム] 画面を確認しよう

[ホーム] 画面は、[メルカリ] アプリを起動すると表示される画面です。[ホーム] 画面は、[おすすめ]、[マイリス]、[キャンペーン] の3つのタブから構成され、ユーザーが注目している商品の情報とクーポンやキャンペーンの情報が表示されています。

- **[おすすめ]**：[いいね] を付けた商品や検索したカテゴリの商品が表示される
- **[マイリスト]**：ユーザーが保存した検索条件に該当する商品が表示される
- **[キャンペーン]**：お得なクーポンやキャンペーン情報が表示される

・[さがす] 画面

・[お知らせ] 画面

・[出品] 画面

[さがす] 画面で商品を検索しよう

[さがす] 画面では、検索ボックスやカテゴリー検索、ブランド検索、トレンドキーワードでの検索などの検索機能が備えられています。また、ユーザーが保存した検索条件に該当する商品を検索する機能も用意されています。

[お知らせ] 画面をチェックしよう

メルカリからのニュースやお得な情報などは、[お知らせ] 画面にまとめられています。[お知らせ] 画面は、[ホーム] 画面または [さがす] 画面の右上にある鐘型のアイコンをタップします。[お知らせ] 画面の [お知らせ] タブには、ポイントに関するお得なお知らせやログイン通知などが、[ニュース] タブにはアプリに関するニュースが表示されます。

[出品] 画面の機能を確認しておこう

[出品] 画面は、文字通り商品をメルカリに出品するために必要な機能がまとめられた画面です。出品のタイトルや商品の説明文の作成はもちろん、商品写真の撮影や配送方法の指定まで、出品に関するほとんどすべての機能がまとめられています。

・[支払い] 画面

・[マイページ] 画面

メモ メルペイを使ってみよう

コンビニやレストランなどの支払いでメルペイを使うときには、[メルカリ] アプリの [支払い] 画面を表示します。[支払い] 画面には、支払い時に表示するQRコードやチャージ機能、支払い機能の設定画面、クーポン情報などがまとめられています。メルペイを支払いに使用する場合は、[メルカリ] アプリの [支払い] 画面を表示することを覚えておきましょう。

ヒント [マイページ] 画面でアプリの機能を制御する

[マイページ] 画面には、商品を管理する機能や個人情報の設定、メルペイポイントの管理といったアプリや取引を管理・制御するための機能がまとめられています。[メルカリ] アプリを利用する上で、最も重要な画面ですので、その構成や機能をある程度把握しておいた方が良いでしょう。

・[マイページ]-[個人情報設定] 画面

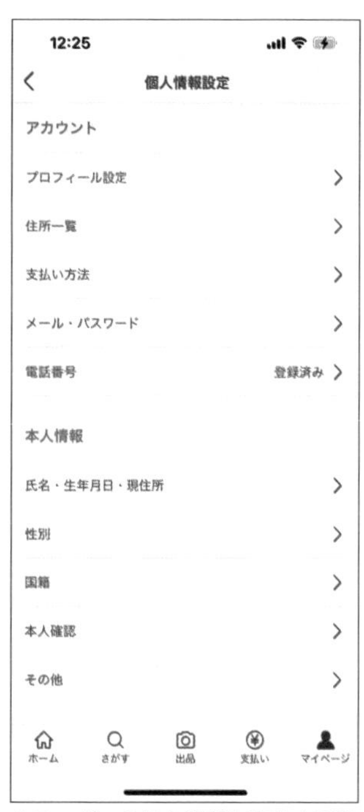

▲ユーザーの個人情報を設定する際に利用します

Key Word ［メルカリ］アプリのインストール

06 ［メルカリ］アプリをインストールしよう

メルカリをスマホから利用する場合は、スマホに［メルカリ］アプリをインストールする必要があります。iPhoneの場合は［AppStore］アプリ、Androidスマホの場合は［Playストア］アプリで［メルカリ］アプリを検索、ダウンロードします。

［メルカリ］アプリをインストールする（iPhone）

［App Store］を起動する

iPhoneのホーム画面で［App Store］のアイコンをタップして、［App Store］を起動します。

1 ［App Store］をタップ

検索画面を表示する

下部のメニューで［検索］をタップし、検索画面を表示します。

1 ［検索］をタップ

メモ Androidスマホに［メルカリ］アプリをインストールする

Androidのスマホに［メルカリ］アプリをインストールするには、［Playストア］アプリを起動し、検索ボックスで「メルカリ」をキーワードに検索を実行します。検索結果で［メルカリ］アプリの個所に表示されている［インストール］をタップし、アプリのインストールを実行します。

「メルカリ」で検索する

検索ボックスをタップし、「メルカリ」と入力して、検索を実行します。

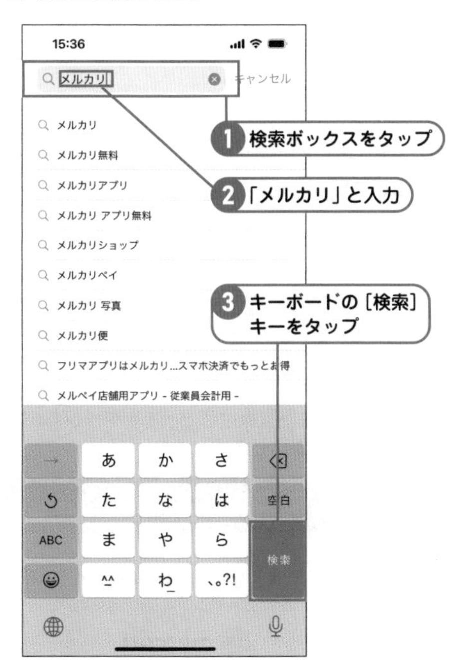

アプリの詳細を表示する

［フリマアプリはメルカリ］をタップしてアプリの詳細画面を表示します。

アプリの詳細を確認する

アプリの詳細を確認し、［入手］をタップします。

アプリのインストールを承認する

iPhone本体の電源ボタンを2回連続ですばやく押し、アプリのインストールを承認します。

メモ ［メルカリ］アプリをアンインストールする

iPhoneから［メルカリ］アプリをアンインストールするには、ホーム画面で［メルカリ］アプリのアイコンを長押しすると表示されるメニューで［アプリを削除］を選択し、確認の画面が表示されるので、［アプリを削除］をタップします。

Androidスマホの場合は、［メルカリ］アプリのアイコンをドラッグすると画面上部に［アンインストール］が表示されるので、アイコンを［アンインストール］に重ね、確認画面で［OK］をタップします。なお、Androidスマホの場合は、アプリの削除方法が機種により手順が異なることがあるため、マニュアルで確認してください。

SECTION 07 Key Word メルカリアカウントの取得

メルカリアカウントを取得しよう

メルカリの利用を始めるには、メルカリアカウントを取得する必要があります。アカウントには、メールアドレスと氏名、住所、電話番号などの個人情報を登録し、1ユーザーにつき1つのみ作成することができます。

メルカリアカウントを取得する

[メルカリ] アプリを起動する

[メルカリ] アプリのアイコンをタップし、[メルカリ] アプリを起動します。

ログイン画面を表示する

[会員登録・ログイン] をタップし、ログイン画面を表示します。

会員登録画面を表示する

[会員登録はこちら] をタップし、会員登録画面を表示します。

メモ　はじめて商品を購入する際に会員登録がかんたんになった

Webブラウザ版では、商品購入の流れの中で新規会員登録できるようになりました。アカウントを持っていないユーザーが商品の詳細ページで [購入手続きへ] をクリックし、購入手続き画面を表示すると、画面下部にユーザー登録画面が表示されるので、必要な情報を入力しアカウントを取得します。商品購入手続きから離れることなく会員登録でき、操作性が大幅に改善しました。

アカウントの作成方法を選択する

会員登録の方法を選択します。ここでは［メールアドレスで登録］をタップし、メールアドレスでのアカウント作成を選択します。

ヒント 他のアカウント情報を利用してアカウントを作成する

メルカリでは、メールアドレスを利用したアカウントの作成のほかに、Appleアカウント、Googleアカウント、Facebookのアカウントのいずれかの情報をもとにアカウントを作成することができます。その場合、手順4の図で目的のアカウントをタップし、表示される画面の指示に従って、メルカリのアカウントを作成します。

メールアドレスとパスワードを登録する

メールアドレスを入力し、8文字以上のパスワードを半角英数字・記号で入力して、［次へ］をタップします。メルカリからのお知らせを受け取る場合は、［メルカリからのお知らせを受け取る］をオンにします。

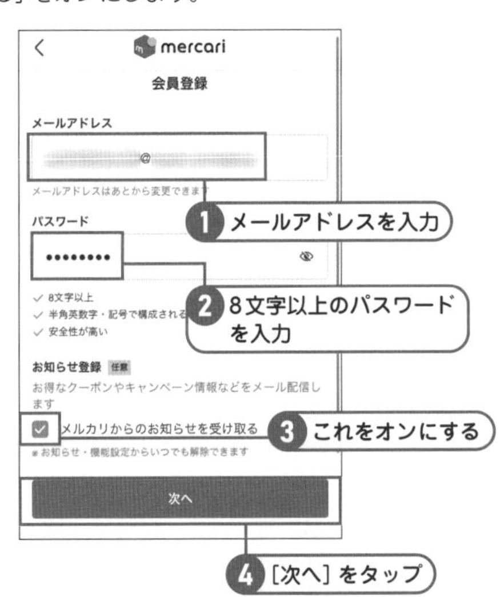

パスワードを保存する

ログインパスワードを保存するかどうかを選択します。ここでは、次回以降パスワードの入力を省略するために、［パスワードを保存］をタップします。

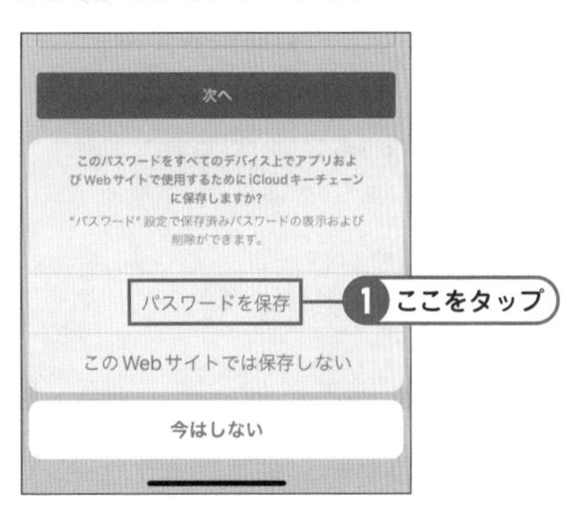

メモ 招待コードとは

「招待コード」は、既存ユーザーが新規ユーザーをメルカリに招待する際に使用するコードです。新規ユーザーがメルカリアカウント取得操作の中で登録すると（手順7の図参照）、招待したユーザー、招待されたユーザー双方にメルカリポイント500ポイントが付与されます。なお、招待コードは、下部で［マイページ］を選択すると表示される画面の［クーポン・キャンペーン］にある［招待して500ポイントゲット］をタップすると取得できます。

ニックネームと招待コードを登録する

メルカリ上に表示されるニックネームを入力して、招待コードを持っている場合は入力して、［次へ］をタップします。ニックネームは、ひらがなや漢字での入力も可能です。

2 メルカリを始める前にやっておくこと

氏名と生年月日を登録する

氏名とふりがな、生年月日を入力し、［次へ］をタップします。

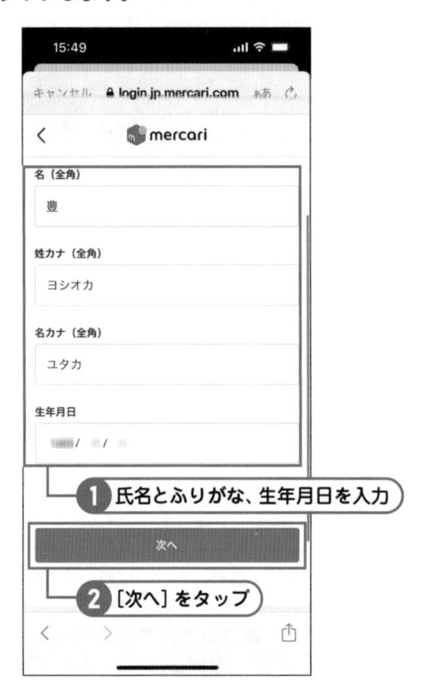

電話番号を登録する

本人確認のための認証番号を送付する電話番号を入力し、［次へ］をタップします。

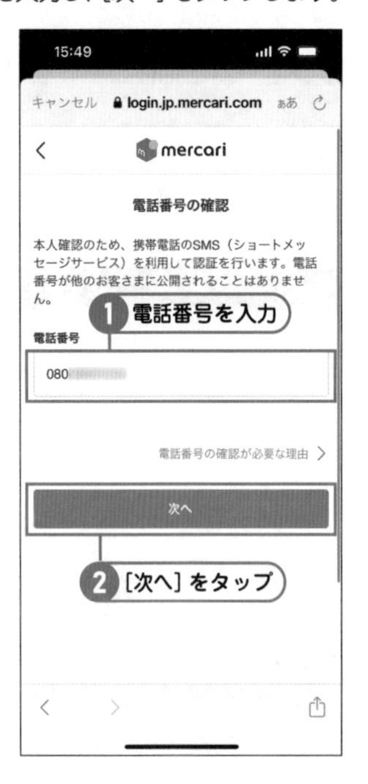

認証番号を送信する

［認証番号を送る］をタップし、登録した電話番号に認証番号を送信します。SMSに認証番号が届いたらメモして［メルカリ］アプリに戻ります。

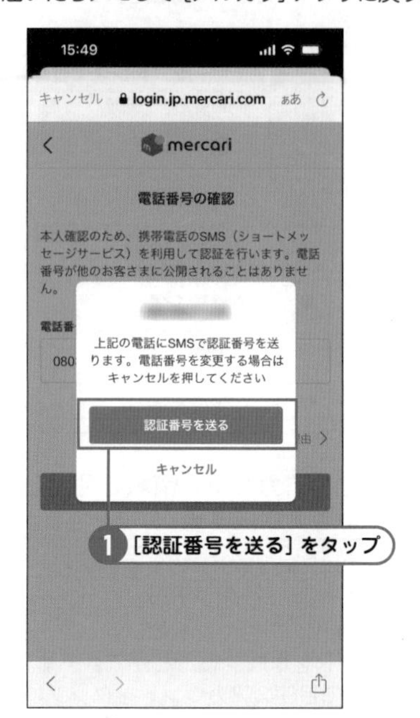

本人確認が完了しアカウントが作成される

SMSで受信した4桁の認証番号を入力し、［認証して完了する］をタップします。

08 プロフィールを編集しよう

オンラインでの取引は相手が見えないことから、信用を得ることが大切です。プロフィールには、あいさつ文と差し支えない範囲で自己紹介を記載しましょう。また、プロフィール写真は空白でなく、何らかの写真を掲載しておいた方が良いでしょう。

自己紹介文を掲載しよう

［個人情報設定］画面を表示する

下部のメニューで［マイページ］をタップし、表示される画面をスクロールして［設定］を表示し、［個人情報設定］をタップして［個人情報設定］画面を表示します。

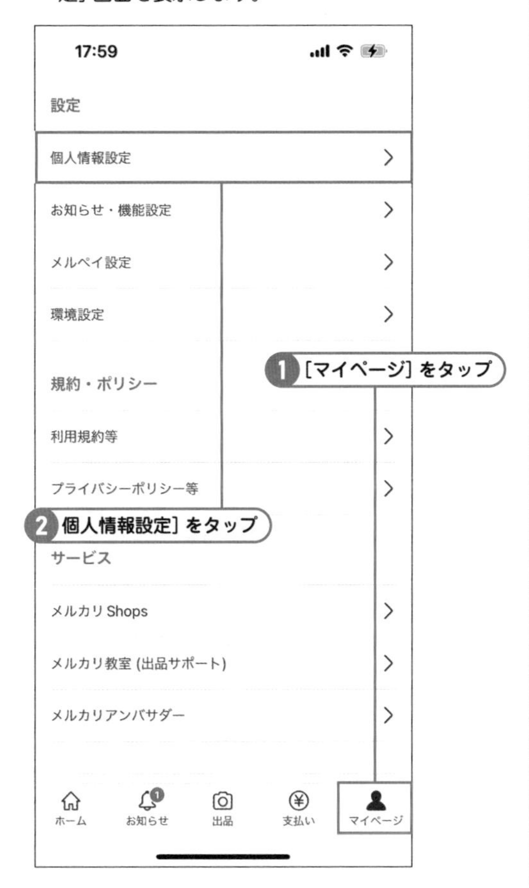

［プロフィール設定］画面を表示する

［プロフィール設定］をタップし、プロフィールの編集画面を表示します。

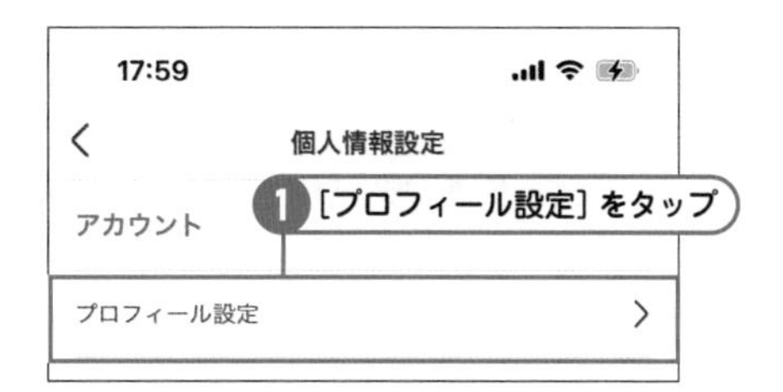

自己紹介文を登録する

自己紹介文を入力し、［更新する］をタップします。必要な場合は、ニックネームも編集しましょう。

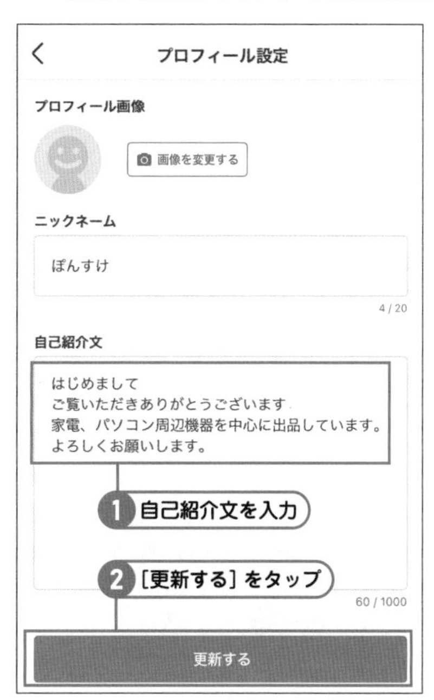

プロフィール写真を変更する

[画像を変更する] をタップする

前の見出しの手順で [プロフィール設定] 画面を表示し、[画像を変更する] をタップします。

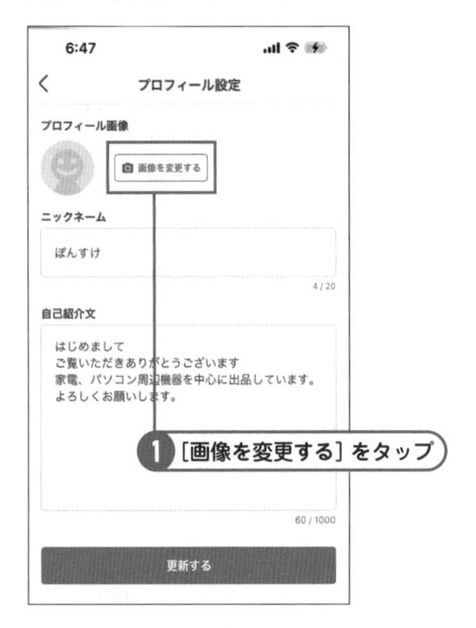

画像の設定方法を選択する

メニューから画像の設定方法を選択します。ここでは [アルバムからアップロード] をタップします。

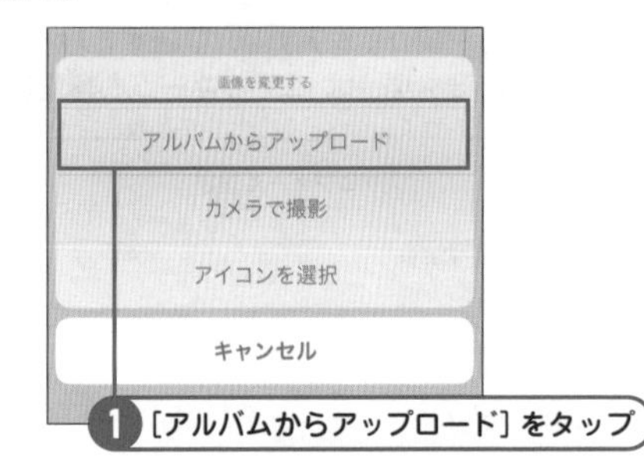

カメラへのアクセスを許可する

[メルカリ] アプリによるカメラへのアクセス許可を求めるメッセージが表示されるので、[許可] をタップします。

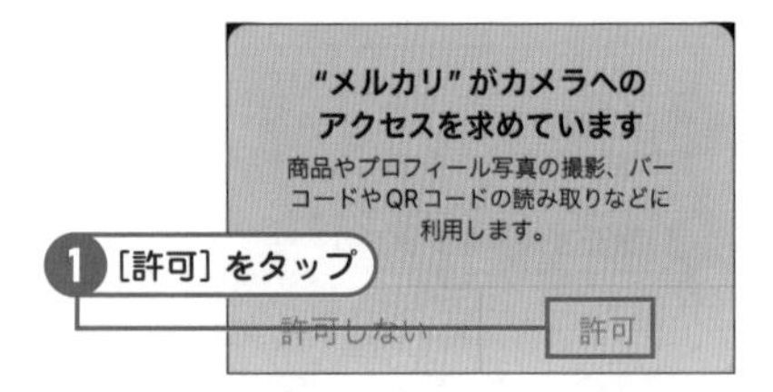

写真ライブラリへのアクセスを許可する

[メルカリ] アプリによる [写真ライブラリ] へのアクセス許可を求めるメッセージが表示されるので、ここでは [フルアクセスを許可] をタップします。

プロフィール画像の写真を選択する

写真アルバムが表示されるので、目的の写真をタップします。

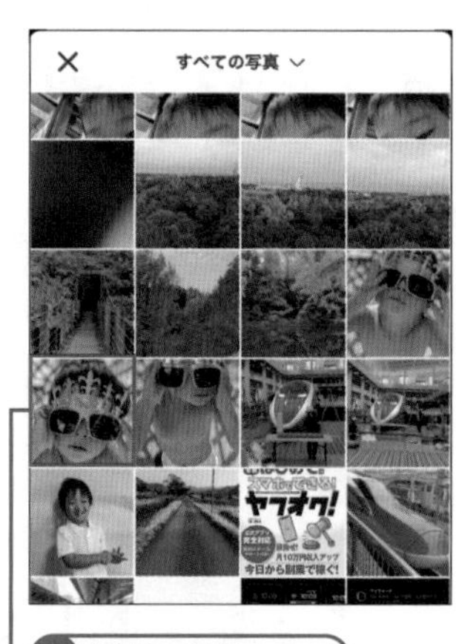

編集画面を表示する

ここでは写真を編集するため［加工］をタップします。加工しない場合は、［完了］をタップして写真の変更を完了します。

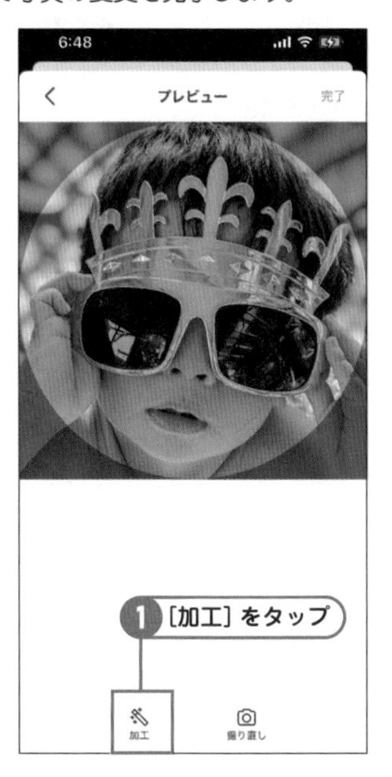

フィルタのリストを表示する

下部に加工メニューが表示されるので、［フィルタ］をタップして、フィルタのリストを表示します。

8 写真にフィルタを適用する

下部にフィルタのリストを左右にスワイプして適切なフィルタを探し、目的のフィルタをタップし、［適用］をタップします。

ヒント 写真を加工する

手順7の図［写真の編集］画面の下部にあるツールバーには、次のような写真の補正・加工する機能が用意されています。これらの機能を利用して、イメージ通りのプロフィール画像を作成してみましょう。

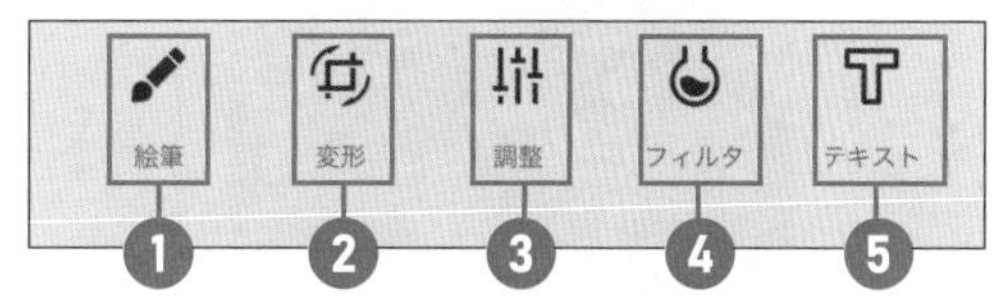

❶［絵筆］：絵の具の色と筆の太さ、硬さを設定して、ドラッグ操作で描画できます
❷［変形］：表示する範囲をボックスのサイズで指定し、角度を調節して、写真トリミングできます
❸［調整］：［明るさ］、［コントラスト］、［彩度］、［暖かみ］、［シャープネス］の5種類の補正機能が用意されていて、ドラッグ操作でそれぞれを調節できます
❹［フィルタ］：明るさと色、コントラストをバランスよく組み合わせた7種類のフィルタが用意されています
❺［テキスト］：写真にテキストを入力できます

写真の加工を完了する

［写真の編集］画面に戻るので［完了］をタップして写真の編集を終了します。

プロフィール画像の設定を完了する

［完了］をタップし、プロフィール写真の変更を確定します。

プロフィールを更新する

プロフィール写真が変更されたのを確認し、［更新する］をタップします。

発送元・届け先となる住所を登録しよう

［個人情報設定］画面を表示する

下部のメニューで［マイページ］をタップし、表示される画面をスクロールし［設定］にある［個人情報設定］をタップします。

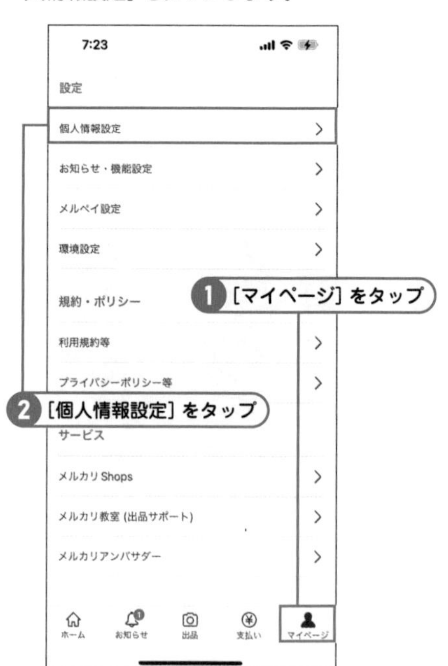

［住所一覧］画面を表示する

［住所一覧］をタップし、［住所一覧］画面を表示します。

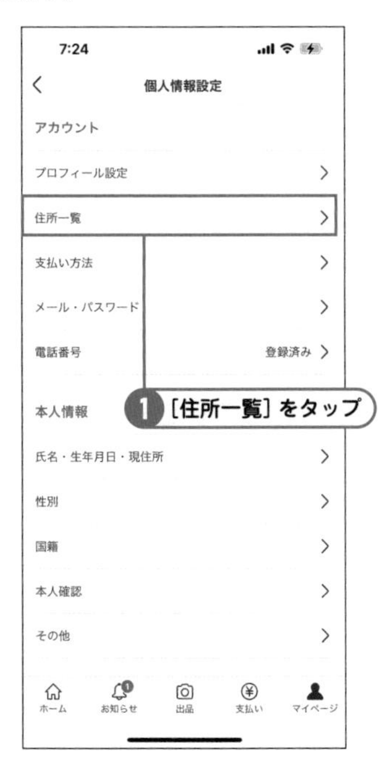

住所の登録画面を表示する

［新しい住所を登録する］をタップし、住所の登録画面を表示します。

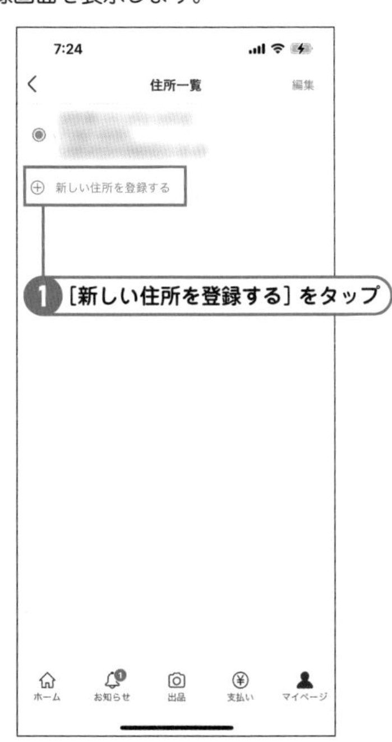

住所のデータを登録する

郵便番号と住所、電話番号を入力し、［登録する］をタップして、住所を登録します。

ヒント メールアドレスとパスワードを変更する

メルカリアカウントのIDとして使用しているメールアドレスやパスワードを変更したいときは、画面下部のメニューで［マイページ］をタップし、［設定］にある［個人情報設定］をタップして、表示される画面で［メール・パスワード］をタップします。この画面でメールアドレスを変更すると、新しいメールアドレスに確認のメールが届くので、記載されたURLをタップして変更を完了します。

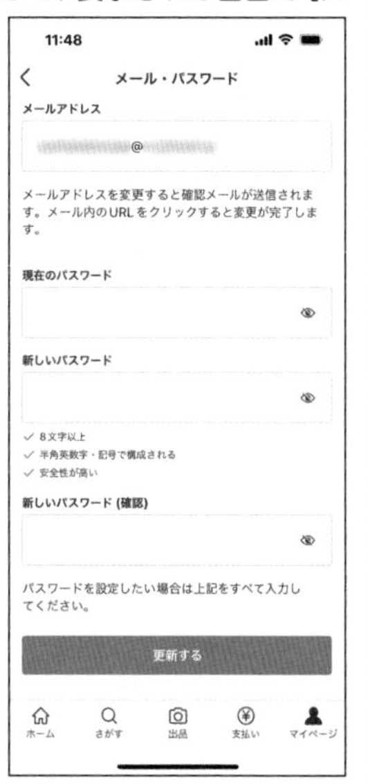

09 支払方法を設定しよう

メルカリでは、クレジットカードやメルペイ、携帯キャリア決済、コンビニ払いなどさまざまな支払い方法を選択できます。支払い方法をあらかじめ設定しておくと、初回商品購入時に情報を入力することなく、スムースに操作することができます。

クレジットカード情報を登録する

［個人情報設定］画面を表示する

下部のメニューで［マイページ］をタップし、表示される画面をスクロールして［設定］にある［個人情報設定］をタップします。

支払い方法の設定画面を表示する

［アカウント］にある［支払い方法］をタップし、支払い方法を設定する画面を表示します。

メモ　クレジットカードを登録する

商品代金にクレジットカード払いしたいときは、あらかじめクレジットカード情報を登録しておくと便利です。クレジットカード情報を登録すると、情報が保持され次回から再入力する手間を省くことができます。

3 クレジットカードの登録画面を表示する

［新しいクレジットカードを登録する］をタップし、クレジットカード情報の登録画面を表示します。

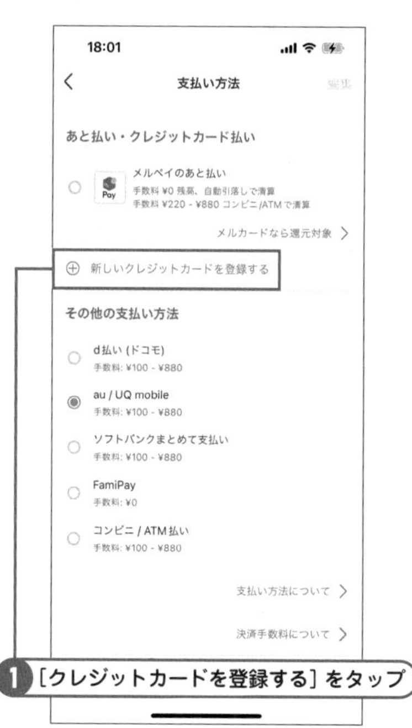

4 クレジットカード情報を登録する

クレジットカード情報を入力し、［登録する］をタップしてクレジットカード情報を登録します。

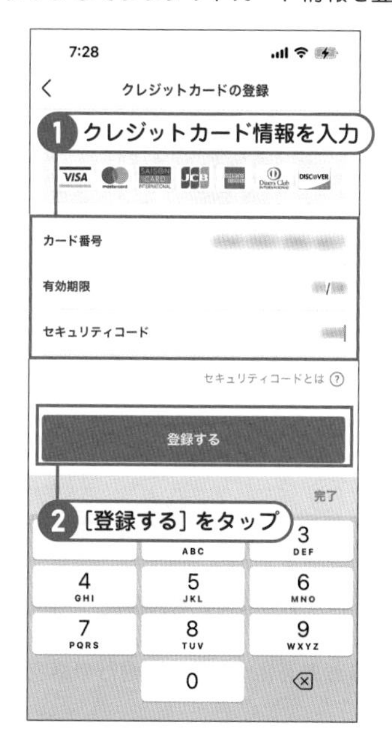

支払い方法を指定する

［支払い方法］画面（手順3の図参照）では、支払い方法にクレジットカード払いの他に、［メルペイのあと払い］や［d払い（ドコモ）］、［au/UQ mobile］、［ソフトバンクまとめて払い］、［FamiPay］、［コンビニ/ATM払い］を選択できます。また、銀行口座を登録すると［チャージ払い］を利用できるようになります。

クレジットカードを削除するには

支払い方法から特定のクレジットカードを削除するには、この手順に従って［支払い方法］画面を表示し、右上にある［編集］をタップすると表示される画面で、目的のクレジットカードの右に表示さるゴミ箱のアイコンをタップします。確認画面が表示されるので［削除］をタップすると、クレジットカードが削除されます。

▲目的のクレジットカードの右に表示されているゴミ箱のアイコンをタップし、確認画面で［削除］をタップします

SECTION 10 Key Word 銀行口座の登録

チャージ払いの銀行口座情報を登録しよう

銀行口座からメルペイにチャージし、その残高で支払いたいときは、銀行口座を登録する必要があります。メルペイに銀行口座を登録すると、メルカリでの支払いだけでなく、メルペイ加盟店での支払いにメルペイのチャージ払いが可能になるので便利です。

銀行口座を登録する

[支払い] 画面を表示する

下部のメニューで [支払い] をタップし、[支払い] 画面を表示します。

[メルペイ設定] 画面を表示する

画面右上にある歯車のアイコンをタップし、[メルペイ設定] 画面を表示します。

チェック

口座登録には本人確認とネットバンキングが必要

メルペイに銀行口座を登録するには、まずメルカリで本人確認が完了している必要があります。本人確認が完了していない場合は、下部のメニューで [マイページ] をタップし、[個人情報設定] → [本人確認] をタップすると表示される画面で本人確認を実行します。また、口座登録操作では、銀行サイトとの連携を設定する必要があるため、目的の銀行のネットバンキングが有効になっている必要があります。

［銀行口座管理］画面を表示する

［銀行口座の管理］をタップし、［銀行口座管理］画面を表示します。

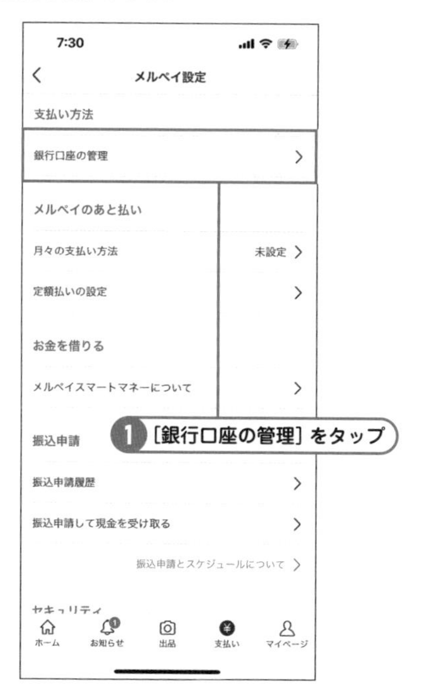

銀行口座の登録画面を表示する

［新しい口座を登録する］をタップし、［お支払い用銀行口座の登録］画面を表示します。

［次に進む］をタップする

［次に進む］をタップします。なお、本人確認が未設定の場合は、本人確認操作を実行します。

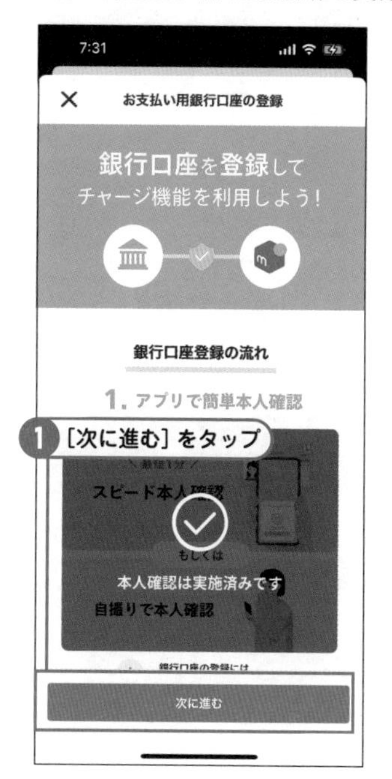

銀行を選択する

目的の銀行をタップして選択します。

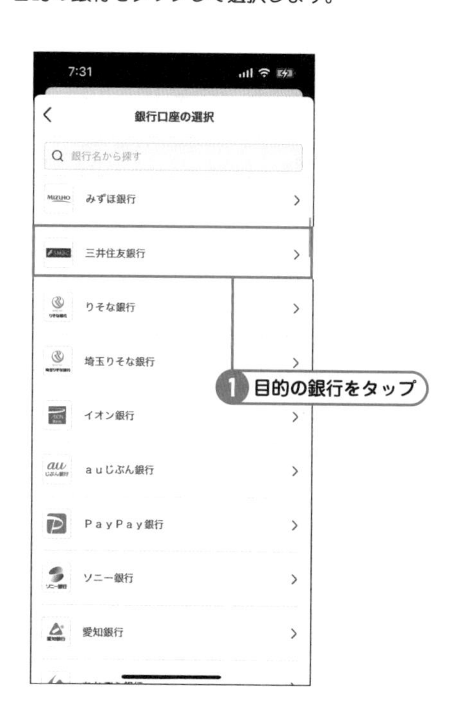

利用規約とプライバシーポリシーに同意する

メルペイ利用規約とプライバシーポリシーを確認し、[同意して次へ] をタップします。

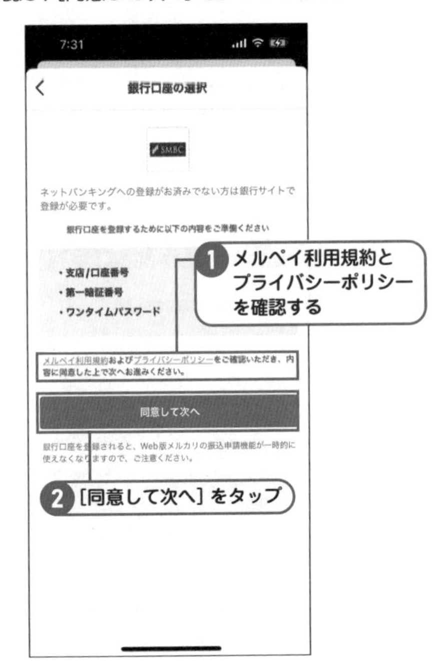

銀行口座情報を登録する

氏名や生年月日の情報を確認し、支店コードと銀行口座番号を入力し [銀行サイトへ] をタップします。

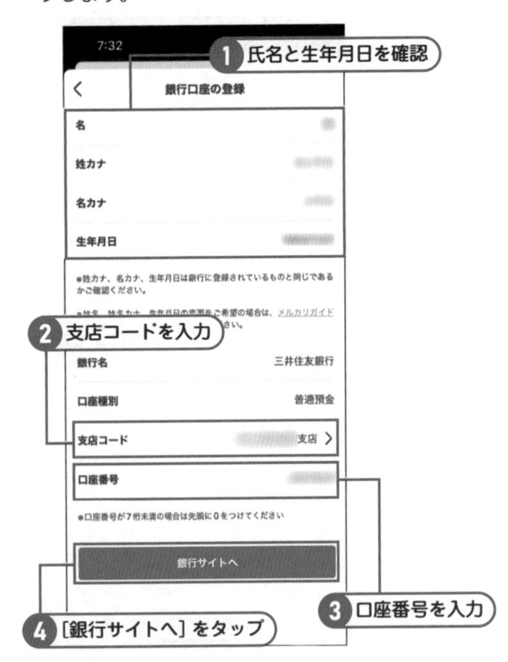

チェック 銀行口座を登録できない

銀行口座を登録できない場合、次のような可能性があります。その場合は、情報を確認し、再度登録操作を行いましょう。

- 「支店番号」、「口座番号」が間違っている
- 「暗証番号」が間違っている
- メルカリと銀行とで「口座名義人名」が一致しない
- メルカリと銀行とで「生年月日」が一致しない
- 本人確認が完了していない

銀行サイトへログインする

銀行サイトへのログインパスコードを入力します。

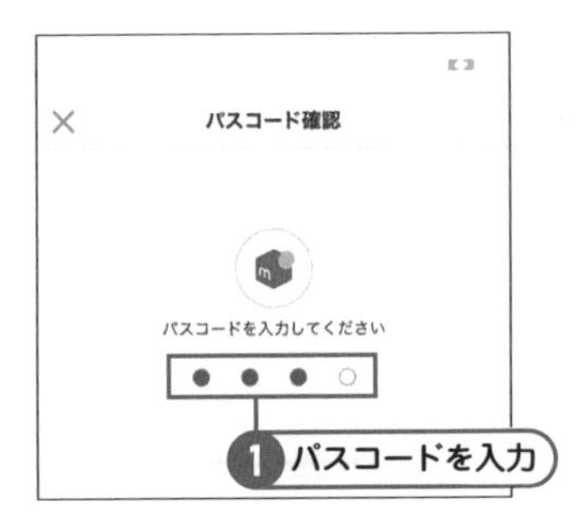

銀行口座登録を開始する

銀行のアプリが起動するので、画面の指示に従って銀行口座の登録を行います。

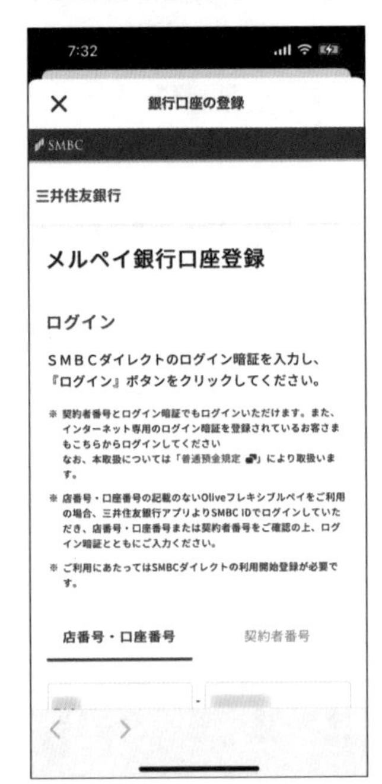

銀行口座の登録を完了する

銀行口座の登録が完了するとこの画面が表示されるので、右上の［完了］をタップします。

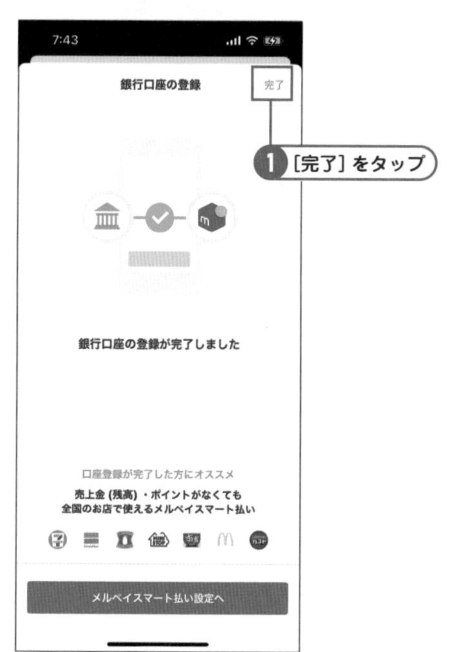

銀行口座の登録を確認した

銀行口座が登録されました。左上の［<］をタップします。

銀行口座情報は編集できない

［銀行口座管理］画面に登録した銀行口座情報は、編集することはできません。登録済みの銀行口座を削除し、改めて銀行口座登録の操作を行う必要があります。銀行口座を削除するには、［銀行口座管理］画面を表示し、右上にある［編集］をタップして、表示される画面で目的の銀行口座の右に表示されているゴミ箱のアイコンをタップし、確認画面で［削除］をタップします。

［支払い方法の選択］画面を表示する

［月々の支払い方法］をタップし、［支払い方法の選択］画面を表示します。

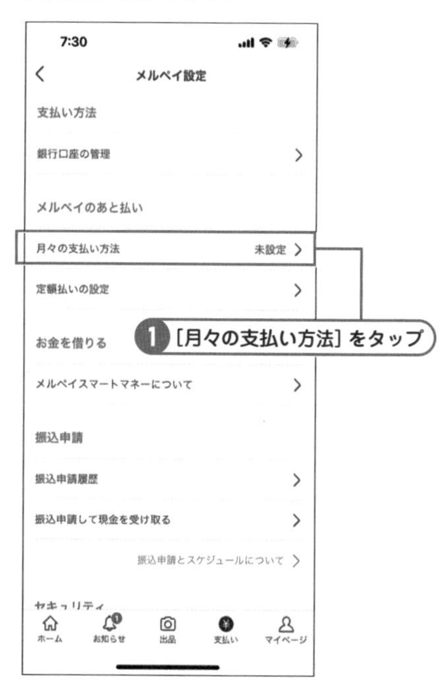

チャージ払いを設定する

［チャージして支払う］をタップし、メルペイへのチャージを設定します。

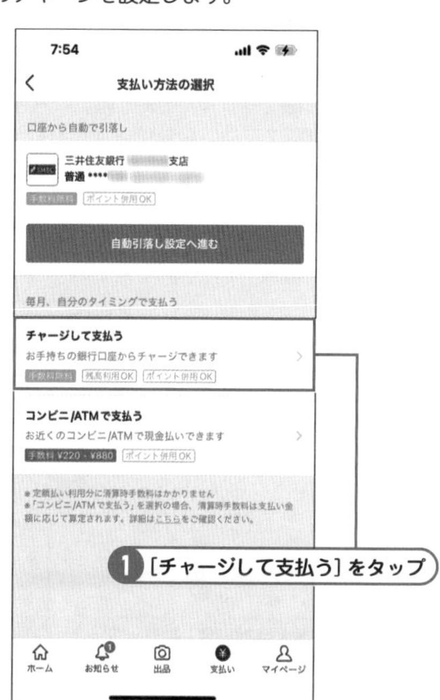

メルペイへのチャージが設定された

メルペイへのチャージが設定されました。

7:45
メルペイ設定
支払い方法
銀行口座の管理
メルペイのあと払い
月々の支払い方法　チャージして支払う
定額払いの設定
お金を借りる
メルペイスマートマネーについて
振込申請
振込申請履歴
振込申請して現金を受け取る

メルカリへの支払い方法にチャージ払いを設定する

［個人情報設定］画面を表示する

下部のメニューで［マイページ］をタップし、［設定］にある［個人情報設定］をタップします。

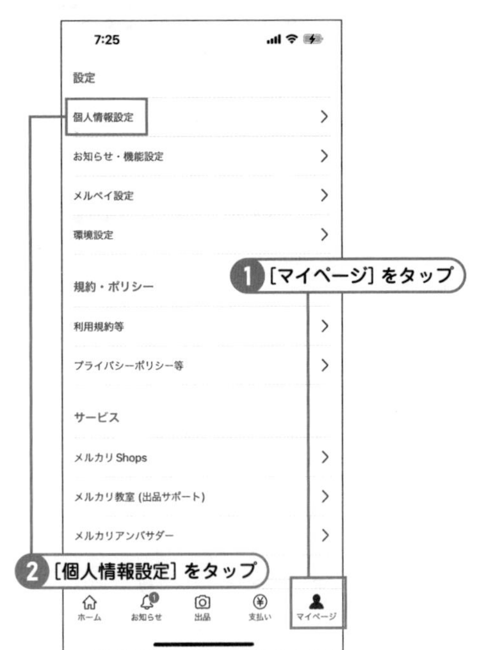

［支払い方法］画面を表示する

［アカウント］にある［支払い方法］をタップして、［支払い方法］画面を表示します。

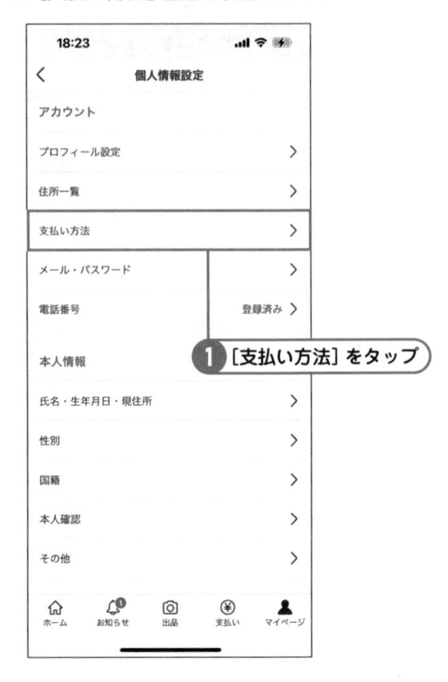

チャージ払いを設定する

［チャージ払い］にある目的の銀行口座をタップして選択すると、チャージ払いが設定されます。

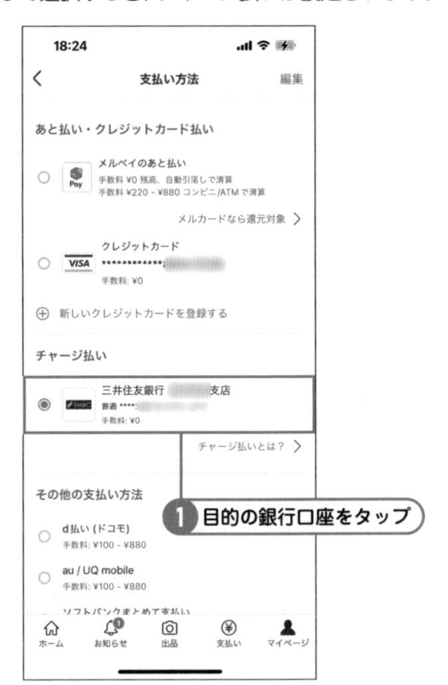

3章

メルカリで商品を買ってみよう

メルカリを利用する準備が完了したら、さっそく商品を購入してみましょう。単に商品を購入するといっても、商品を効率よく見つけ出す方法、商品を比較検討するポイント、送料の考え方や受け取り方法など、知っておいた方が得することがあります。メルカリに出品する際にも、購入者がチェックするポイントを押さえておくと効果的です。

SECTION 11

Key Word メルカリでの購入のメリット・デメリット

メルカリで商品を購入するメリット・デメリットは？

メルカリで買い物をする最大のメリットは、必要なモノを必要な分だけ安く購入できること、値下げ交渉できることでしょう。その反面、ユーザー独自のルールがあったり、中古品だけにトラブルが起こりやすかったりするリスクやデメリットもあります。

必要なモノを必要な分だけ安く購入できる

メルカリでは、ケーブルや電源アダプタ、リモコンなど、部品やパーツが出品されています。こういったものは、正規のルートで購入しようとすると、結構高い買い物になってしまいます。また、肌に合わなかったなどの理由で化粧品やクリームなど使いかけの商品が出品されています。メルカリでは、必要なモノを必要な部分だけ安く購入することができます

・使いかけのものを安く購入できる

商品の説明

ロクシタン
アクアレオティエ
ハイドレーションクリーム
保湿クリーム
50ml

ベタつきにくい、比較的軽めのクリームです

まだ半分強残っています

容器に汚れあり

・正規で購入すると高い部品やリモコンを安く購入でできる

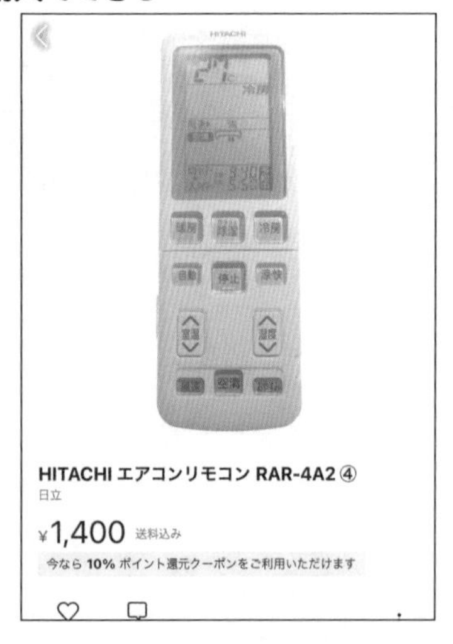

値下げ交渉できる

フリマアプリの醍醐味は、値下げ交渉ができることでしょう。メルカリでは、コメントを利用して気軽に値下げ交渉できます。また、値下げ交渉が苦手なユーザーのために「希望価格登録」機能が用意されています。設定された値下げ幅を選択するだけで、出品者に値下げの希望額を伝えることができます。値下げ交渉を利用して、お得に商品を購入してみましょう。

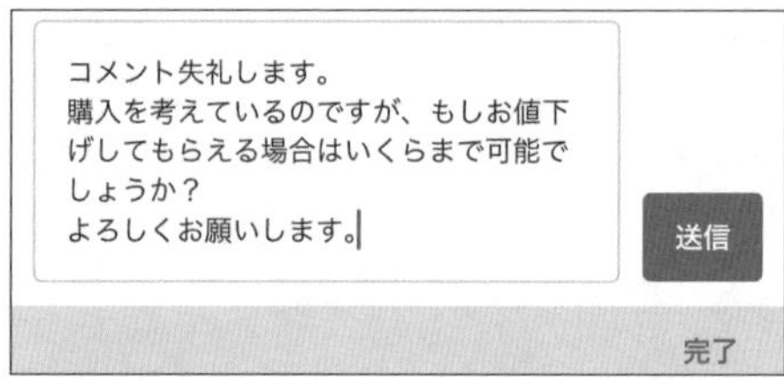

▲コメント機能を使って値下げ交渉できる

▲希望価格登録機能で気楽に値下げ申請することもできる

匿名で安全に取引ができる

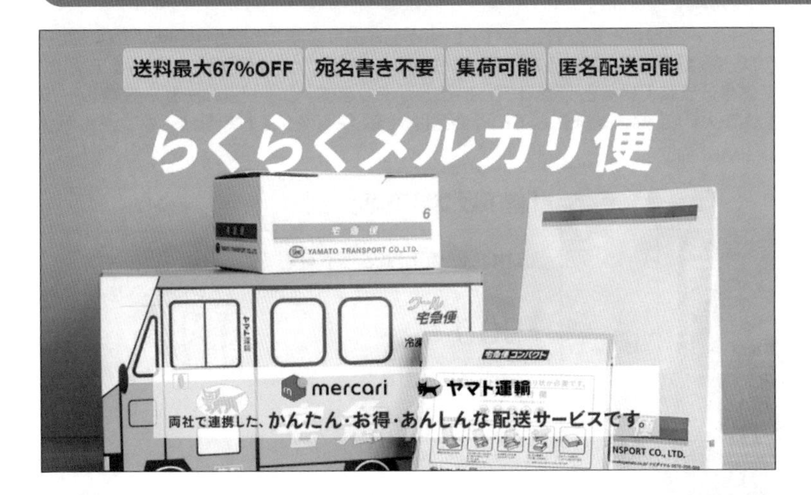

メルカリでは、出品者、購入者の住所や氏名などの個人情報を開示しなくても商品を安全にやり取りできるように、日本郵便とヤマト運輸と提携して匿名配送サービスを提供しています。らくらくメルカリ便やゆうゆうメルカリ便などを利用して、安全に気持ちよく取引してみましょう。

価格交渉でのトラブルが起こりやすい

メルカリでは値下げ交渉できますが、利害関係に直結するため、トラブルが起こりやすい傾向があります。購入者が大幅な値下げを求めたり、セット販売のものをバラ売りするように求めたりすると交渉が決裂し、出品者が態度を硬化させてしまいかねません。値下げ交渉する際には、出品者の立場に立って考えた上で価格を提示してみましょう。

ユーザー独自ルールがあってわずらわしい

「値下げ交渉不可」や「〇〇様専用」といったユーザー独自ルールが設定されている商品があります。メルカリの既定では、ユーザー独自ルールの強要を禁止していますが、その記載は黙認されている状態です。タイトルなどにそれが明記されているモノは、ルールを認識しやすいですが、商品説明の中に書き込まれていると分かりづらいことがあります。うっかりユーザー独自ルールに反した場合には、トラブルに発展する可能性があります。購入を検討している商品は、商品説明やタイトルをしっかり読んでから判断しましょう。

・「〇〇様専用」

・「値下げ交渉不可」

送られてきた商品と写真にギャップがある

出品されているモノの多くは中古品で、キズや変色している部分がある商品も数多くあります。その上、画面上に表示される写真でしか確認できません。商品写真は、キズや変色の個所を明示しているか、見えづらい部分はないかしっかりと確認しましょう。また、わかりづらい部分があれば、コメントで質問しましょう。

12 商品を探す方法を知っておこう

メルカリが支持されている理由のひとつに、商品の探し易さがあります。キーワード検索やカテゴリー検索はもちろん、価格や商品の状態で絞り込んだり、配送料出品者負担の商品を探したりすることもできます。

キーワードで商品を検索してみよう

検索ボックスをタップする

上部にある検索ボックスをタップして、[さがす]画面を表示します。

1 検索ボックスをタップ

2 検索キーワードを入力する

検索キーワードを入力します。キーワードが具体的であるほど絞り込めます。

1 検索キーワードを入力

2 キーボードの [search] キーをタップ

商品を選択する

検索結果が表示されます。目的の商品をタップします。

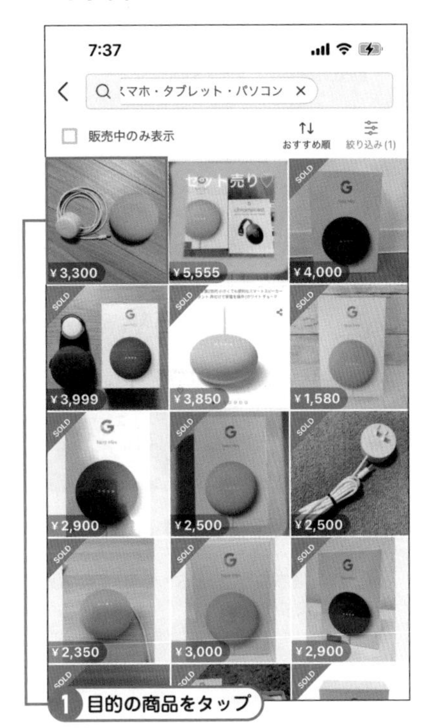

1 目的の商品をタップ

メモ キーワードが具体的なほどすぐに見つかる

キーワードで検索を実行する場合は、カテゴリーと商品名、色などを「半角スペース(空白)」でつないで検索すると、目的の商品をすばやく見つけることができます。商品コードなどできるだけ具体的な名称で検索するほど、特定の商品を検出しやすくなります

商品のページが表示された

商品のページが表示されます。タイトルや商品説明、価格など確認しましょう。

カテゴリーから商品を絞り込んでみよう

［さがす］画面を表示する

上部の検索ボックスをタップし、［さがす］画面を表示します。

ヒント ［さがす］画面を利用する

［さがす］画面は、キーワードやカテゴリー、ブランドなどで商品を検索する機能がまとめられた画面です。過去の検索キーワードや保存した検索条件などから再検索することもできます。［さがす］画面の機能を使いこなして、目的の商品を効率よく探しましょう。

カテゴリーの一覧を表示する

［カテゴリーからさがす］をタップして、カテゴリーの一覧を表示します。

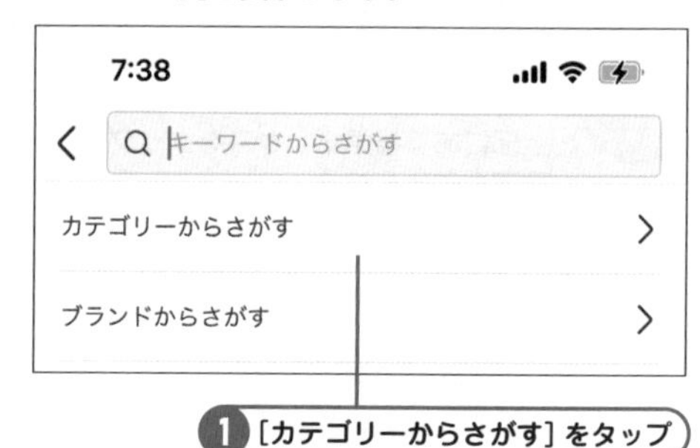

カテゴリーを選択する

目的のカテゴリーをタップします。ここでは、［アウトドア・釣り・旅行用品］をタップします。

サブカテゴリーで絞り込む

サブカテゴリーの一覧が表示されるので、目的のカテゴリーをタップします。ここでは、[フィッシング]をタップします。さらにカテゴリーを選択して、絞り込んでいきます。

1 目的のサブカテゴリーをタップ

2 同様の手順でカテゴリーを選択して絞り込む

5 サブカテゴリーを選択する

目的のカテゴリーをタップします

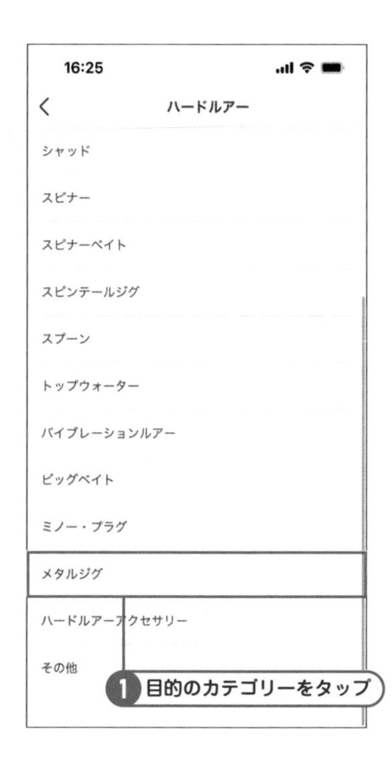

1 目的のカテゴリーをタップ

検索ボックスをタップする

目的のカテゴリーの商品一覧が表示されます。検索ボックスをタップします。

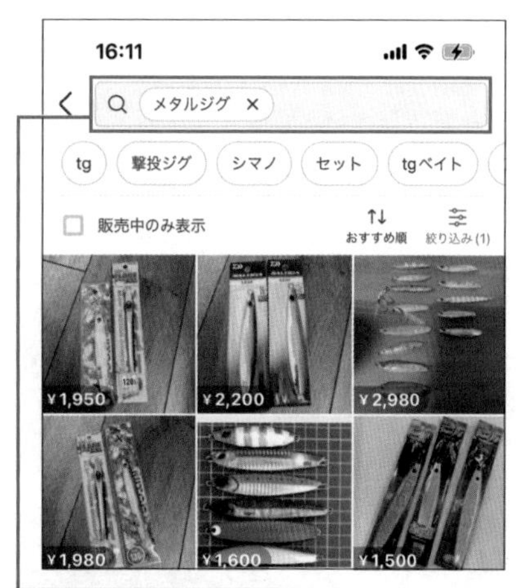

1 検索ボックスをタップ

検索結果をさらに絞り込む

目的のカテゴリーの商品を絞り込むキーワードを入力して、検索を実行します。

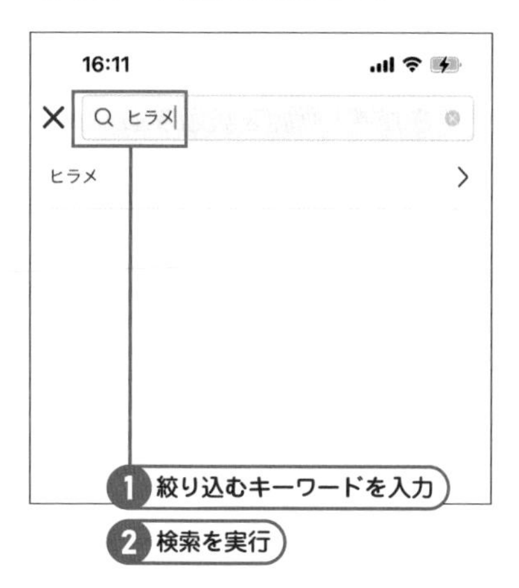

1 絞り込むキーワードを入力

2 検索を実行

ヒント カテゴリー内をキーワードで絞り込む

カテゴリーで絞り込んだ後、検索ボックスにキーワードを入力し、検索を実行すると、カテゴリーに表示されている商品をキーワードに該当する商品に絞り込むことができます。カテゴリー検索とキーワード検索を組み合わせると、キーワードのみで検索する場合よりも、余分な商品が省かれ、効率的に目的の商品を見つけられることがあります。

指定したカテゴリーの商品が表示された

カテゴリーの商品がキーワードでさらに絞り込まれました

お気に入りのブランドの製品を探してみよう

[さがす] 画面を表示する

上部の検索ボックスをタップし、[さがす] 画面を表示します。

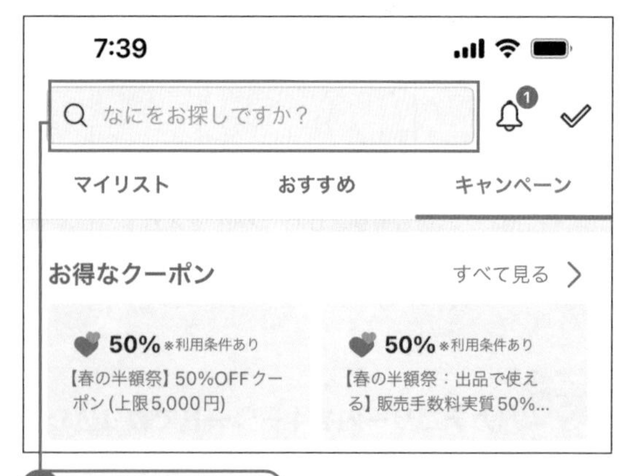

ブランドの一覧を表示する

[ブランドからさがす] をタップして、ブランドの一覧を表示します。

7:39
キーワードからさがす
カテゴリーからさがす
ブランドからさがす
検索履歴

1 [ブランドからさがす] をタップ

3 ブランドを検索する

検索ボックスに目的のブランド名を入力し、表示された一覧で目的のブランドのチェックボックスをタップします。

8:35
ブランド　クリア
ナイキ
ナイキ NIKE
ナイキエイシージー NIKE ACG
ナイキエスビー NIKE SB
ナイキエヌエスダブリュー NIKE NSW

1 ブランド名を入力

2 目的のブランドのチェックボックスをタップ

メモ　ブランドで検索しよう

[さがす] 画面の [ブランドからさがす] をタップすると、ブランドのリストが表示されますが、数が多すぎて目的のブランドを探し出すだけで一苦労です。この場合は、ブランドの一覧を表示して、検索ボックスにブランド名を入力すると、該当するブランドが検出されるので、それをオンにして検索を実行するとよいでしょう。

ブランドでの検索を実行する

下部の［検索する］をタップして、検索を実行します。

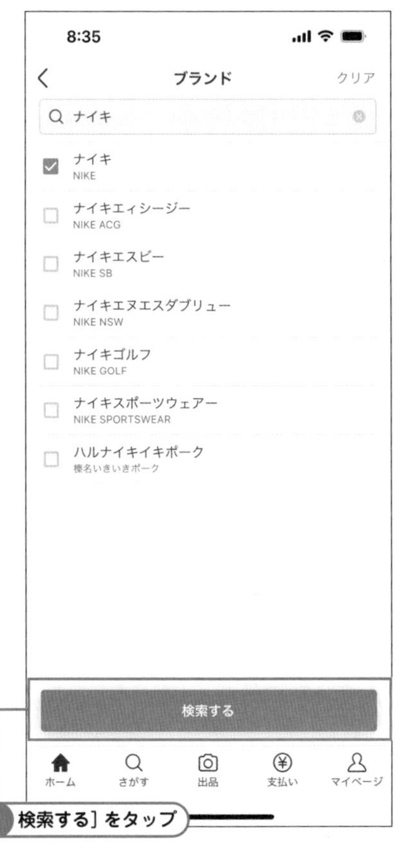

5 検索結果を絞り込む

検索結果が表示されます。上部に表示される目的のキーワードをタップします。ここでは［スニーカー］をタップします。

3 ブランドの商品が絞り込まれました。

ブランドの商品が絞り込まれました

商品を価格で絞り込んでみよう

［絞り込み］のメニューを表示する

検索結果を表示し、上部右にある［絞り込み］をタップします。

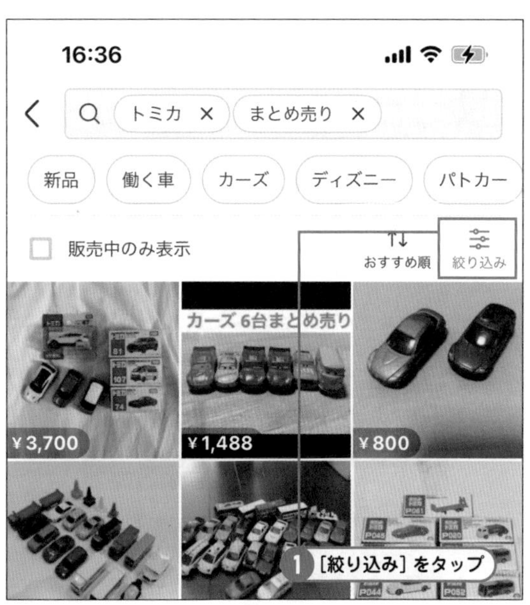

上限の金額を指定して絞り込む

絞り込みの項目リストが表示されます。[価格]の上限に目的の金額を入力し、下部の[検索する]をタップします。

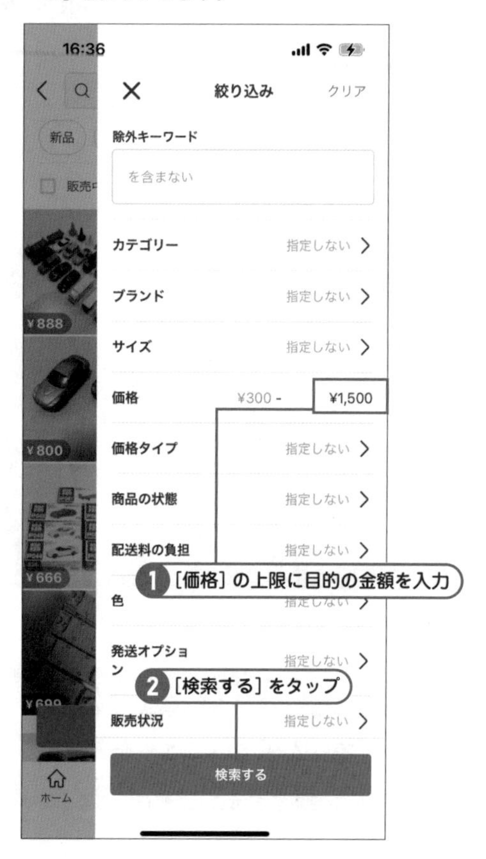

指定した価格帯の商品が表示される

指定した金額の商品に絞り込まれます。

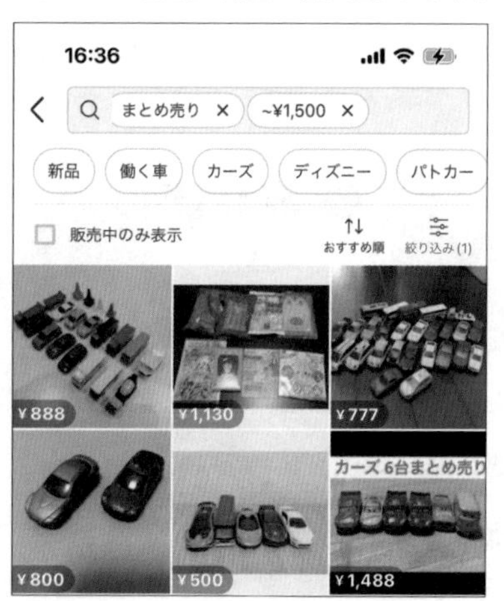

[絞り込み]画面を利用して検索しよう

検索結果の右上に表示されている[絞り込み]をタップすると表示される[絞り込み]画面では、その項目を利用して詳細な検索条件を設定することができます。[絞り込み]画面の項目には、次の11項目があります。

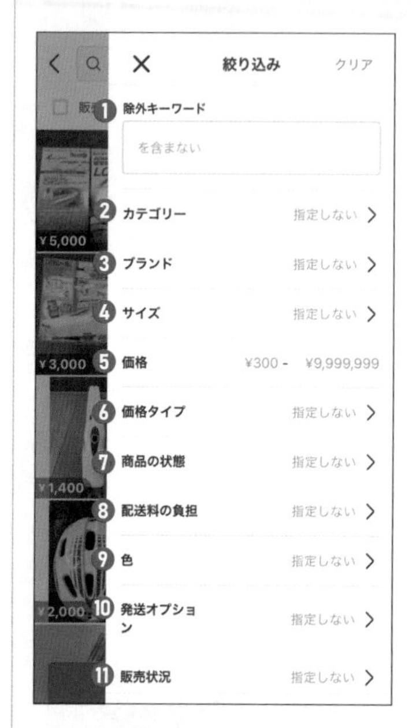

❶ **[除外キーワード]**：検索結果の中から除外したい商品のキーワードを設定できます
❷ **[カテゴリー]**：検索結果をカテゴリーで絞り込めます
❸ **[ブランド]**：メーカー名やブランド名で商品を絞り込めます
❹ **[サイズ]**：ファッションアイテムなどのサイズを指定して絞り込めます
❺ **[価格]**：最低価格と最高価格を指定して商品を絞り込みます
❻ **[価格タイプ]**：[割引対象商品]、[ポイントバック対象商品]、[通常商品]の3つから価格タイプを指定し商品を絞り込みます
❼ **[商品の状態]**：[新品、未使用]や[傷や汚れあり]など商品の状態を指定して絞り込みます
❽ **[配送料の負担]**：[着払い(購入者負担)]または[送料込み(出品者負担)]のいずれかを指定して絞り込みます
❾ **[色]**：[ブラック系]や[ピンク系]といった12色から色を指定して絞り込みます
❿ **[発送オプション]**：[匿名配送]、[郵便局/コンビニ受取]、[オプションなし]の3つから発送のオプションを指定して絞り込みます
⓫ **[販売状況]**：[販売中]、[売り切れ]の2つから販売状況を指定して絞り込みます

配送料が出品者負担の商品を探してみよう

[絞り込み] のメニューを表示する

検索結果を表示し、右上の [絞り込み] をタップします。

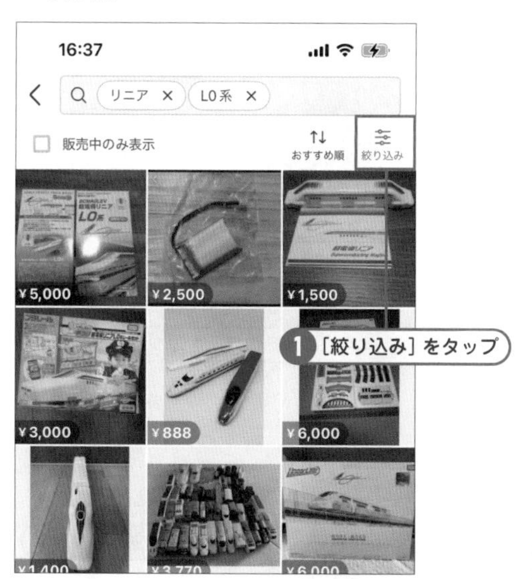

[配送料の負担] 画面を表示する

[配送料の負担] をタップして、配送料の負担者の選択画面を表示します。

配送料が出品者負担の商品に絞り込む

[送料込み(出品者負担)] をオンにし、下部の [決定する] をタップします。

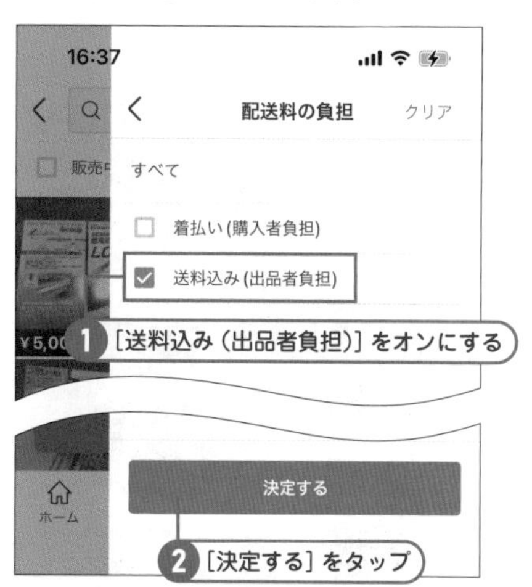

検索を実行する

下部の [検索する] をタップして、検索を実行します。

商品の状態で絞り込んでみよう

[絞り込み] のメニューを表示する

検索結果を表示し、右上の [絞り込み] をタップします。

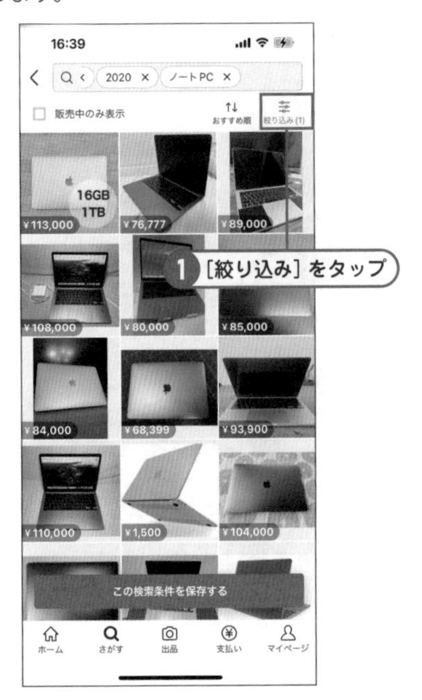

[商品の状態] 画面を表示する

[商品の状態] をタップし、商品の状態の選択画面を表示します。

商品の状態を指定する

目的の商品の状態をオンにし、[決定する] をタップします。

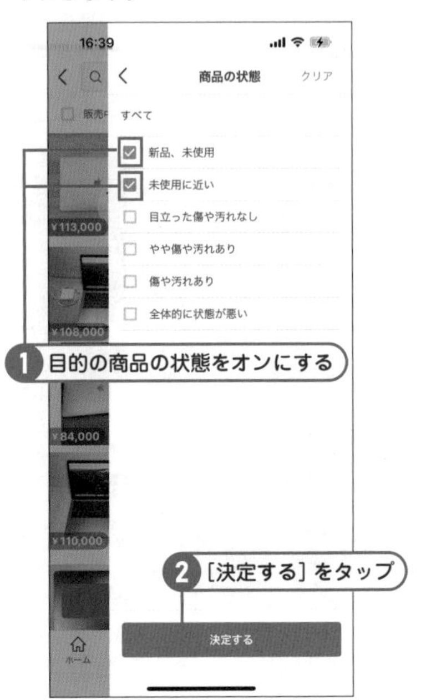

検索を実行する

[検索する] をタップし、目的の商品の状態で商品を絞り込みます。

SECTION 13

Key Word [いいね！] と検索条件の保存機能の利用

気に入った商品は保存しておこう

検索キーワードを忘れて、お気に入りの商品が見つからないということがあると思います。その場合、商品に「いいね！」を付けると同じ商品を再表示できるようになります。また、検索条件を保存しておくと、検索キーワードを忘れることもなくなります。

気に入った商品には [いいね！] を付けよう

1 商品に [いいね！] を付ける

目的の商品を表示し、[いいね！] のアイコンをタップします。

2 商品に [いいね！] が付けられた

商品に [いいね！] が付けられ、アイコンが赤くなります。

[いいね！] を付けた商品を確認する

1 [ホーム] 画面で [いいね！] した商品を確認する

下部のメニューで [ホーム] をタップし、[おすすめ] タブをタップすると、上部に [いいね！した商品] が表示されます。

[いいね！] がついた商品一覧を表示する

[マイページ] を表示し、[いいね！一覧] をタップします。

これまでに [いいね！] した商品が表示された

これまでに [いいね！] を付けた商品がリスト表示されます。

[いいね！] を解除するには

販売中の商品の [いいね！] を解除するには、[いいね！] を付けた商品を表示し、[いいね！] のアイコンをタップします。過去に [いいね！] を付けた商品を削除するには、画面の下部で [マイページ] をタップし、表示される画面で [いいね！一覧] をタップして、画面右上に表示される [編集] をタップし、目的の商品の右に表示されるゴミ箱のアイコンをタップします。

[いいね！] を活用しよう

メルカリでは、商品に [いいね！] を付けることは商品を評価する意味もありますが、お気に入りの商品に目印をつける機能として利用できます。[いいね！] が付けられた商品は、値下げされると通知されるようになります。また、[ホーム] 画面の [おすすめ] タブの上部に [いいね！した商品] の一覧が表示され、その後の状況をすぐに確認できます。

検索条件を保存する

検索条件を保存する

検索結果を表示し、下部に表示される [この検索条件を保存する] をタップします。

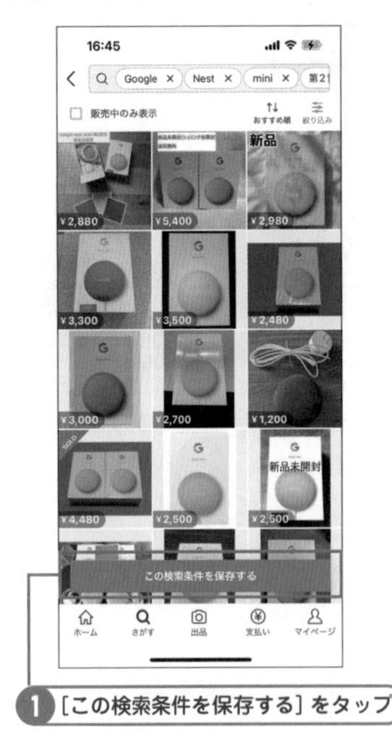

新着情報の通知を設定する

[新着商品の通知を受け取る] をオンにし、[メールの通知] で通知の頻度を選択して [設定する] をタップすると検索条件に該当する商品の新着情報が通知されるようになります。

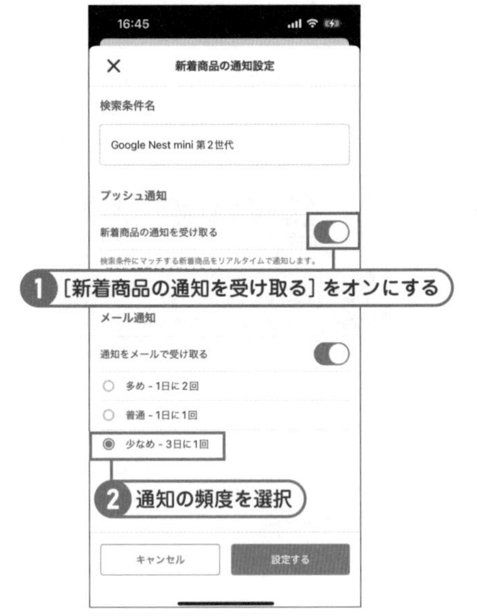

保存した検索条件の商品を確認する

検索条件に該当する商品リストを表示する

下部のメニューで［マイページ］をタップし、［保存した検索条件］をタップして保存した検索条件に該当する商品リストを表示します。

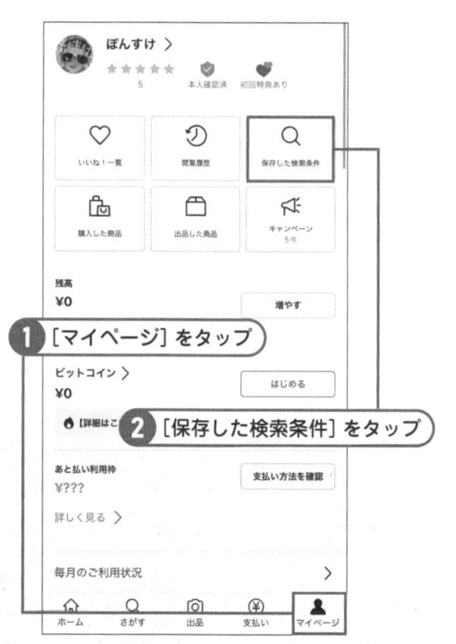

検索条件に該当する商品を確認する

保存した検索条件ごとに該当する商品のリストが表示されます。

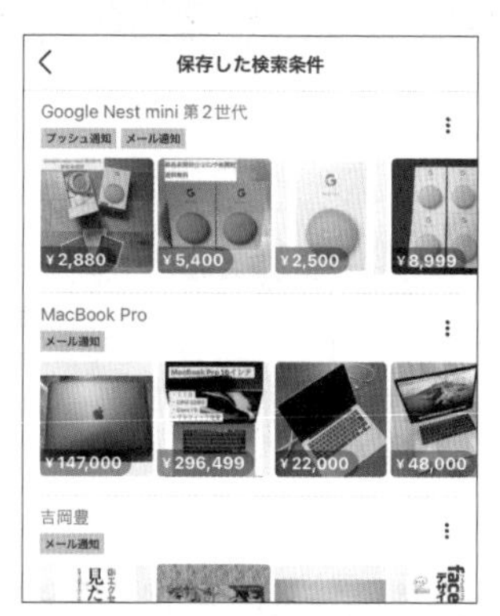

保存した検索条件を削除する

保存した検索条件を削除するには、画面下部で［マイページ］をタップし、表示される画面上部にある［保存した検索条件］をタップします。表示される検索条件のリストで、目的の検索条件の右にある3つの点のアイコンをタップし、［削除］を選択します。

メルカリからの通知を制御する

メルカリから届く通知を制御したいときは、［マイページ］画面の［設定］にある［お知らせ・機能設定］を利用します。［お知らせ・機能設定］画面は、特定のアクションがあるとリアルタイムで通知される［プッシュ通知］と、お知らせなどがメールで届く［メール通知］、特定機能の表示を制御する［機能設定］の3つから構成され、それぞれの項目のオン/オフを切り替えることで、通知の有効/無効、機能の表示/非表示を切り替えることができます。なお、スマホの設定で通知が無効になっている場合は、新着商品の通知を有効にできません。

お知らせ・機能設定
プッシュ通知
いいね！
コメント
取引関連
アナウンス
いいね！した商品の値下げ
いいね！した商品へのコメント
保存した検索条件の新着
フォロー中ユーザーの出品
希望価格の登録のお知らせ
メルカリバッジ
メルペイ利用に伴う通知
メルペイからのお得な情報
ビットコイン取引のお得な情報
ホーム　さがす　出品　支払い　マイページ

プッシュ通知	メール通知
いいね！	取引関連
コメント	メルカリからのお知らせ
取引関連	保存した検索条件の新着
アナウンス	メルペイ利用に伴う通知
いいね！した商品の値下げ	メルペイからのお得な情報
いいね！した商品へのコメント	ビットコイン取引のお得な情報
保存した検索条件の新着	
フォロー中ユーザーの出品	機能設定
希望価格の登録のお知らせ	自動いいね！
メルカリバッジ	希望価格の登録のお知らせ
メルペイ利用に伴う通知	出品画面での寄付機能の表示
メルペイからのお得な情報	
ビットコイン取引のお得な情報	

SECTION Key Word 商品確認のポイント

14 商品を確認するポイントを知っておこう

商品に関するトラブルの原因のひとつに、商品写真や商品説明をよく見ていなかったということが挙げられます。商品写真でキズや汚れを明示されているか、送料や発送方法は適切かなど、確認すべきポイントをしっかり押さえて、安全に取引しましょう。

商品写真を確認しよう

商品写真を別の写真に切り替える

目的の商品を表示し、商品写真を左にスワイプして次の写真を表示します。

［拡大・縮小］画面に切り替える

商品写真をタップし、拡大/縮小が可能な画面を表示します。

写真を拡大表示する

［拡大・縮小］画面に切り替わるので、写真上で2本の指先を開くようにピンチアウトして、写真を拡大します。

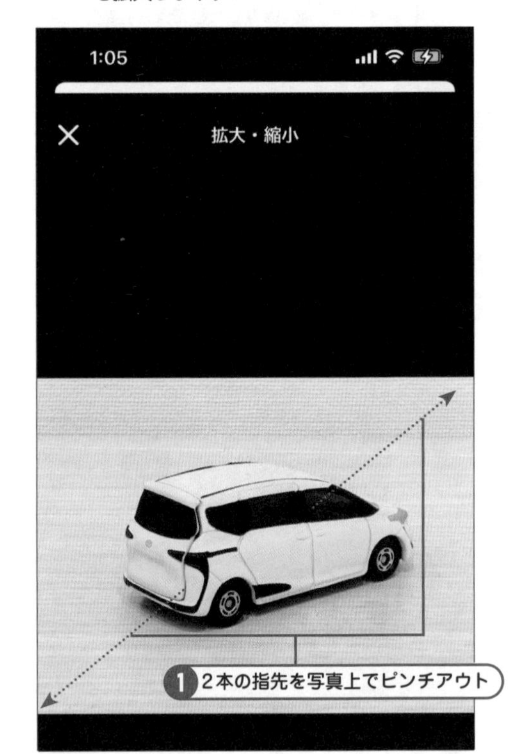

チェック 商品写真は必ず確認しよう

商品写真は、購入者が自分で商品の状態を確認できる唯一の手段です。商品写真は必ず全て確認し、気になるところは拡大表示してみましょう。また、疑問に思うことは、出品者にコメントで質問してみましょう。

[拡大・縮小] 画面を閉じる

気になる部分を確認します。確認が終わったら左上の [×] をタップして、[拡大・縮小] 画面を閉じます。

商品の状態を確認する

商品説明を表示する

目的の商品を表示し、[商品の説明] が表示されるまで上に向かってスワイプします。

メモ 商品写真を一覧で確認する

商品写真の右下に表示されているタイルのアイコン 1/4 をタップすると、商品写真の一覧が表示されます。写真の一覧で気になる写真をすばやく選択できて便利です。

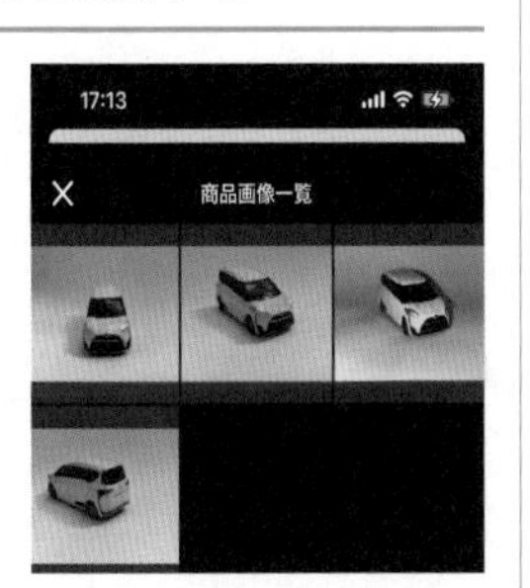

2 商品の説明を確認する

商品の説明を確認します。疑問点があれば、コメントで質問しましょう (3章Sec.15参照)。

メモ 使用環境を確認しよう

商品説明でまず確認するポイントは、商品の使われ方と使用期間、傷や汚れの程度です。また、喫煙環境やペットがいる環境での使用だったのかなど、使用環境について記載も確認しましょう。商品説明の内容と商品写真を照らし合わせて、購入するかどうかの参考にしてみましょう。

商品の価格と配送料を確認する

[商品の情報] を表示する

目的の商品を表示し、[商品の情報] が表示されるまでスクロールします。[商品の情報] で配送料の負担と配送の方法を確認します。

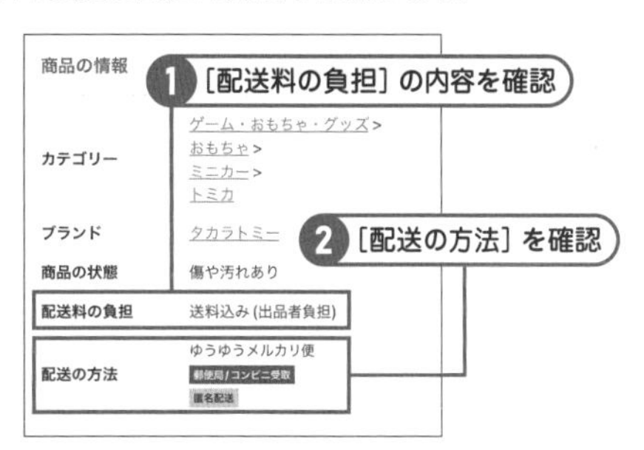

メモ 配送料の負担を確認しよう

[商品の情報] では、まず、[配送料の負担] の内容を確認しましょう。配送料の負担が購入者負担になっている場合は、その金額も確認しましょう。配送料が高く設定されていることもあるため、特に安い商品を購入する際には注意が必要です。また、[配送の方法] で匿名配送でない場合は、送付先の住所と氏名を開示する必要があるため、こちらも注意が必要です。

他のユーザーのコメントを確認する

コメントのアイコンをタップする

目的の商品を表示し、コメントのアイコンをタップします。

コメントの内容を確認する

コメントの内容を確認します。

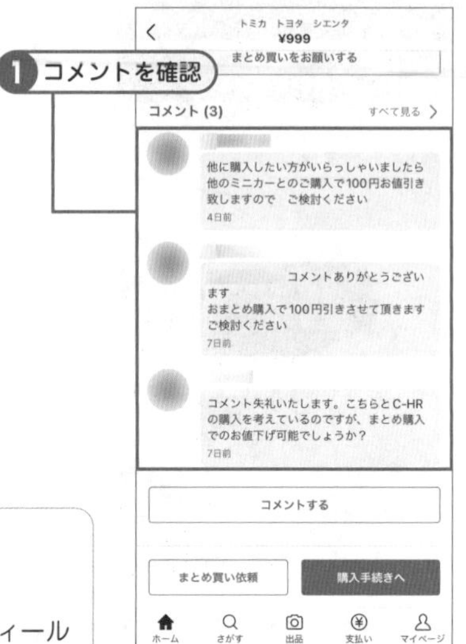

コメントを確認するポイント

他のユーザーがした質問とそれに対する返答には、商品説明やプロフィールに記載されていない情報が記されています。また、出品者の質問に対する返答が、気持ちよく取引できるかどうかを判断する材料となります。他のユーザーが質問している場合は、必ずコメントに目を通しましょう。

出品者のプロフィールを確認しよう

出品者のプロフィールを表示する

目的の商品を表示し、［出品者］が表示されるまでスクロールして、ユーザー名をタップします。

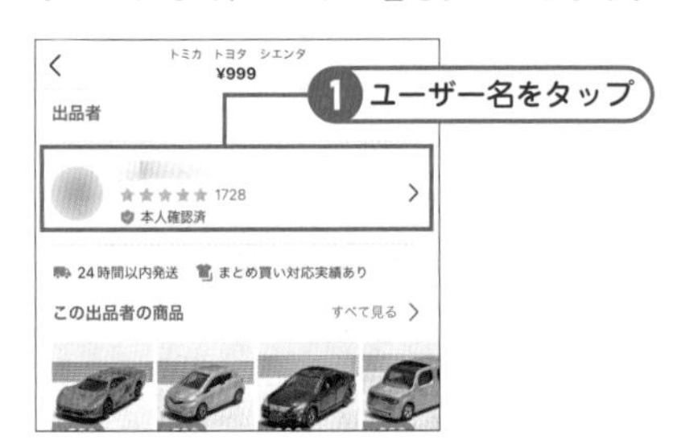

プロフィールの内容を確認する

出品者のプロフィールが表示されます。注意点やリクエストが記載されていることが多いため、よく確認しておきましょう。

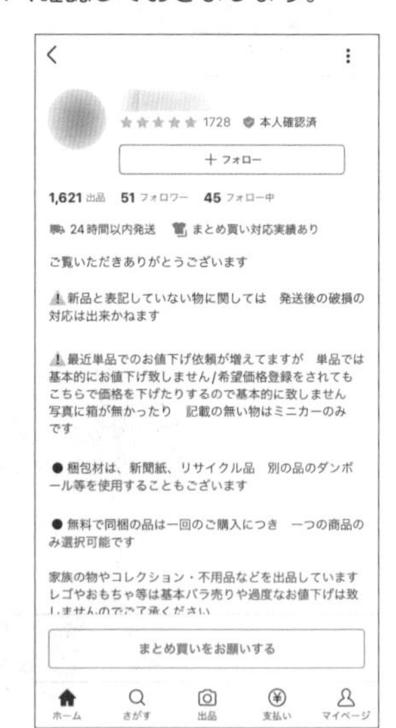

プロフィールを確認するポイント

出品者のプロフィールには、多くの場合個人情報ではなく、メルカリでの出品者のスタンスが記載されています。例えば、「即購入OK」と書かれていれば、コメントでやり取りしなくてもいきなり購入手続きしてもいいということです。また、「値下げ交渉不可」や「バラ売りに対応していません」など、独自ルールもプロフィールに記載されているケースが多く見られます。購入手続きに入る前には、プロフィールを確認しましょう。

SECTION 15 Key Word コメントの活用

気になるコトは出品者に質問しよう

商品説明や商品の情報を確認して、疑問に思ったことは必ずコメントで質問しましょう。質問することで、疑問を解消できるだけでなく、トラブルの予防にもなります。気持ちよく取引するためにも、丁寧に商品についてのみ質問するように気を配りましょう。

出品者に質問しよう

コメントのアイコンをタップする

目的の商品を表示し、コメントのアイコンをタップします。

コメントの例文を利用する

コメントのテキストボックスの上には、「お値下げをお願いする」や「商品状態を確認したい」など、シーンに合わせた例文が用意されています。目的の例文をタップすると、自動的に適切なテキストが入力され、編集するだけでコメントを作成できます。例文を利用して、気軽に出品者とコミュニケーションを取ってみましょう。

コメントを入力する

コメントのテンプレートを利用する場合は、テキストボックスの上に表示されている例文をタップします。ここでは、テキストボックスをタップし、コメントを入力します。

コメントを送信する

コメントを入力し、[送信] をタップします。

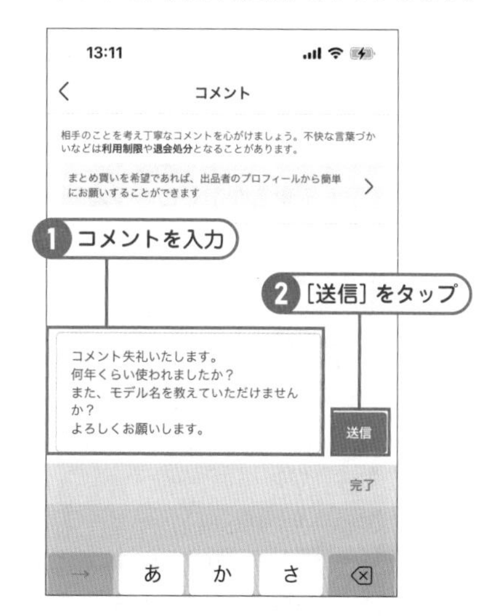

コメントが表示された

コメントが送信されました。返信を待ちましょう。

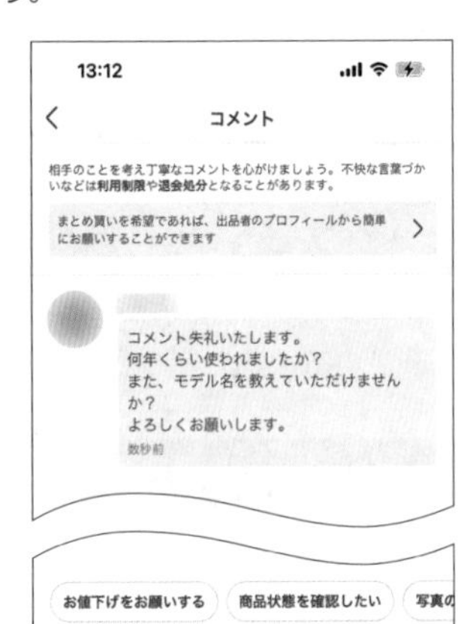

メモ　コメントはあいさつから始めよう

メルカリで気持ちよく取引するには、コミュニケーションを取ることが大切です。実際のフリーマーケットで、「こんにちは」とあいさつから始めるとスムースにやり取りを始められるように、コメントのやり取りを始める場合には、あいさつから入るとよいでしょう。また、もらったコメントには、できるだけ返信しましょう。

返信に対して返信しよう

通知をタップする

コメントに返信があるとメルカリから通知が届くのでタップします。

コメントのアイコンをタップする

コメントした商品が表示されるので、返信の内容を確認し、[コメントする] をタップします。

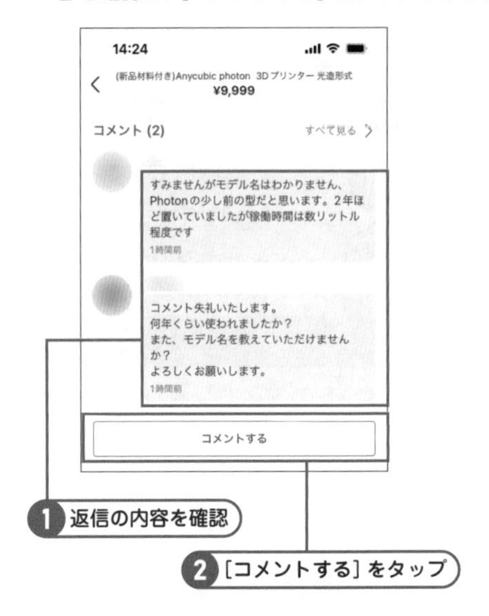

コメントに返信する

返信の内容に対する返事を入力し、[送信] をタップします。

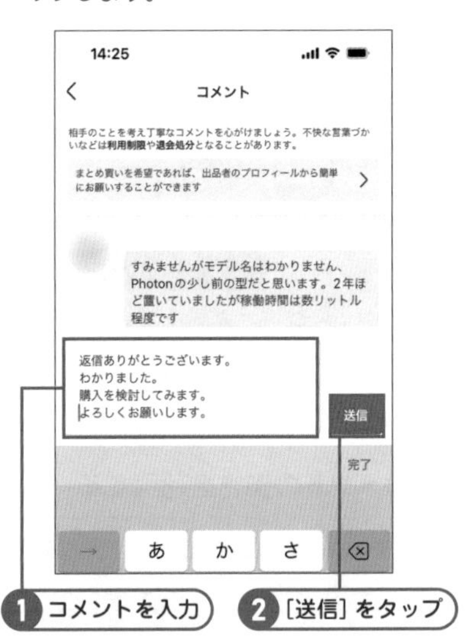

SECTION Key Word 値下げ交渉

16 値下げ交渉にチャレンジしよう

メルカリでは、コメントを利用して値下げ交渉することができます。値下げ交渉は、メルカリならではの楽しさです。また、提示された価格を選択するだけで、出品者に希望する値下げ価格を伝えられる希望価格登録機能も用意されています。

コメントで値下げ交渉してみよう

1 コメントのアイコンをタップする

目的の商品を表示し、コメントのアイコンをタップします。

2 値下げ交渉の例文をタップする

［お値下げをお願いする］と記載された例文をタップします。

3 コメントを編集し送信する

例文のコメントを編集し、［送信］をタップします。

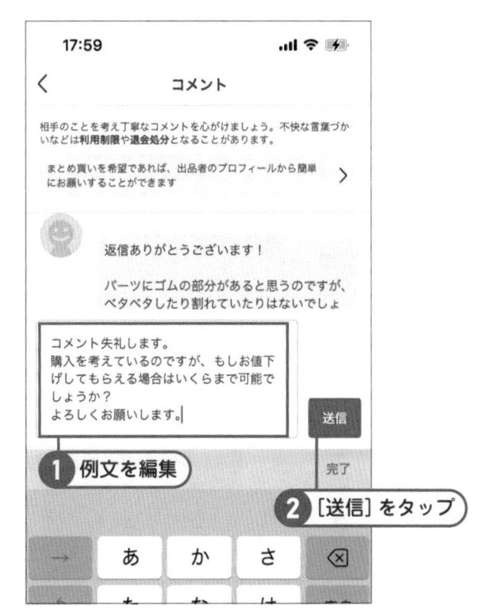

ヒント 値下げ交渉してみよう

値下げ交渉したいときは、まず商品説明とプロフィール、他のユーザーのコメントを必ず読みましょう。すでに値下げ交渉し始めているユーザーがいるかもしれません。また、商品説明やプロフィールには、値下げ交渉についての考え方や方法が記載されていることがあるので確認しましょう。

値下げ対応にお礼を伝えよう

通知をタップする

商品の価格が値下げされると、[お知らせ] 画面に通知が届くので、目的の通知をタップします。

コメントのアイコンをタップする

目的の商品が表示されるので、コメントのアイコンをタップします。

届いたコメントに返信する

コメントで値引きに応じてくれたことへのお礼と購入することを伝えましょう。

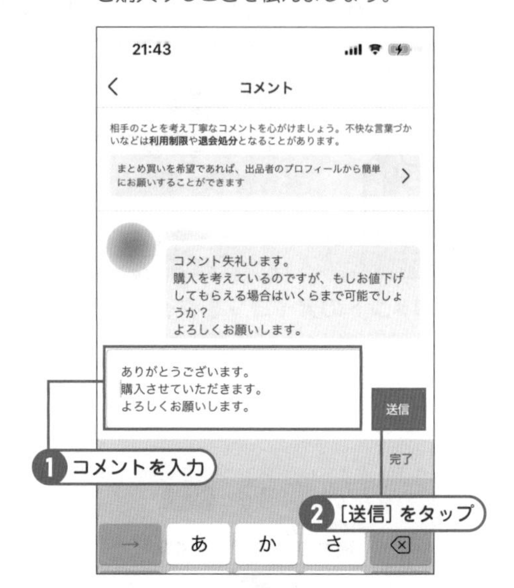

ヒント 値引き交渉不可を設定している商品もある

出品者の中には、値下げ交渉不可としているユーザーがいます。メルカリの公式ルールでは、「値引き交渉不可」のような独自ルールの強要を禁止しています。しかし、値下げ交渉不可をうたっている出品者に値下げを願い出ても、断られるだけでなくトラブルに発展する可能性もあります。商品を購入する際には、コメントや商品写真、プロフィールをよく確認し、値引き交渉可能な商品かどうかを判断しましょう。

希望価格登録機能を利用して値下げを申請する

希望価格の登録画面を表示する

目的の商品を表示し、[いいね!]のアイコンをタップし、商品に[いいね!]を付けます。[+希望価格]が選択可能になるのでタップします。

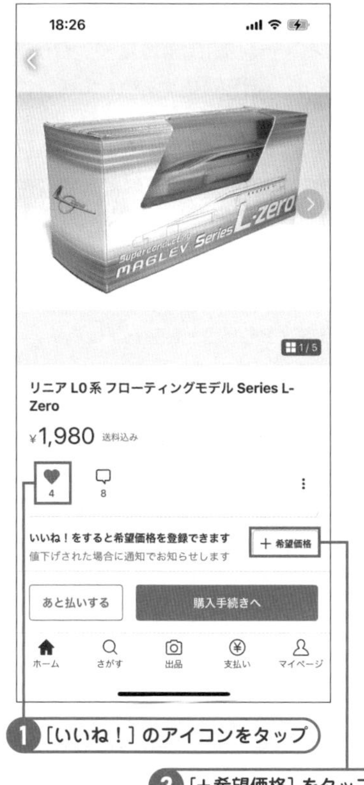

希望価格の登録とは

「希望価格の登録」は、メルカリが提示した値下げ価格を選択し、登録することで出品者に値下げを申請できる機能です。コメントでの値下げ交渉が難しいユーザーにとっては、提示された値下げ価格を選択するだけで値下げを申請できる便利な機能です。ただし、希望価格を登録しても、値下げされるかどうかは出品者の判断にゆだねられます。

希望価格を登録する

希望する価格を選択し、[希望価格を登録する]をタップします。

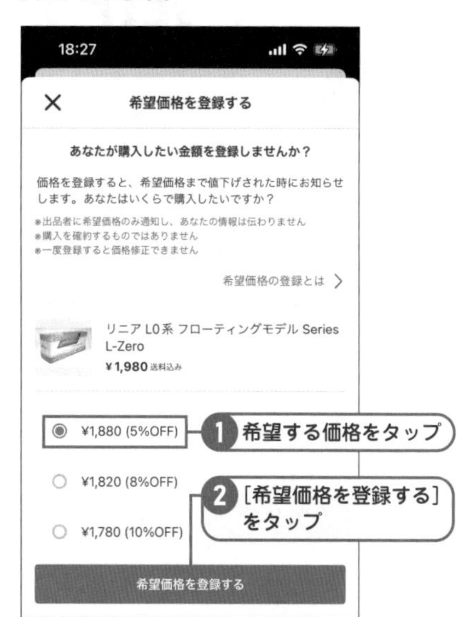

希望価格が設定された

希望価格が登録されました

SECTION Key Word キャンペーン・クーポンの活用

17 キャンペーンやクーポンを活用しよう

メルカリでは、季節のイベントに合わせてキャンペーンを展開したり、クーポンを配布したりして、ユーザーの取引を盛り上げています。積極的にキャンペーンに参加し、クーポンを利用して、お得な買い物をしてみましょう。

クーポンを取得する

クーポンを選択する

［ホーム］画面を表示し、［キャンペーン］タブをタップして、目的のクーポンをタップします。

クーポンを利用しよう

メルカリでは、商品購入の際に商品代金を割り引けるクーポンを利用できます。クーポンには、メルカリが配布しているものとメルカリShopが配布しているものがあり、どちらも獲得や使用に条件があったり、使用期限が定められたりしています。クーポンの内容をよく確認して、お得に買い物を楽しんでみましょう。

クーポン取得を申請する

クーポンの内容と使用条件を確認し、［今すぐクーポンをもらう］をタップします。

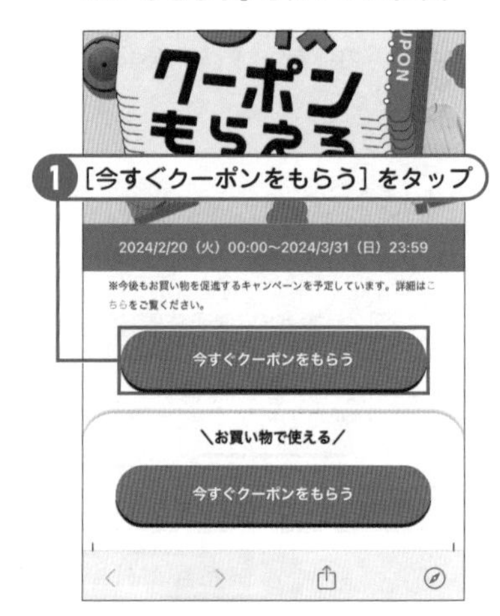

本人認証を実行する

SMSに6ケタの認証番号が届くので、その番号を入力し、［認証して完了する］をタップします。

4 クーポンを獲得した

クーポンを獲得しました。商品を購入する際に利用しましょう。

利用できるクーポンを確認する

1 お得なクーポンの一覧を表示する

［ホーム］画面を表示し、［キャンペーン］タブを選択して、［お得なクーポン］の［すべてを見る］をタップします。

キャンペーンを利用しよう

メルカリでは、条件をクリアするとメルカリポイントが付与されたり、割引クーポンがもらえたりするキャンペーンが随時開催されています。ほとんどのキャンペーンには、「友だちをメルカリに招待したら」や「決められた期間内に指定された金額以上購入したら」といった条件が設定されていて、これをクリアすることでポイント付与などの特典を獲得できます。キャンペーンに参加して、ポイントやクーポンをゲットしてみましょう。

2 クーポンを確認する

［クーポン］画面の最上部にある［今すぐ使えるクーポン］を表示し、獲得済みのクーポンを確認します。

キャンペーンに参加する

1 キャンペーンのページを表示する

［ホーム］画面を表示し、［キャンペーン］タブをタップして、目的のキャンペーンをタップします。

2 キャンペーンに参加する

キャンペーンの趣旨や参加条件を確認し、［今すぐエントリー］をタップします。

18 商品を購入してみよう

欲しい商品が決まったら、早速商品を購入してみましょう。その際に、クーポンを使用したり、お得な支払い方法を選んだりして、できるだけ得する方法で購入しましょう。また、支払いが済んだら、出品者に購入した旨をコメントしておくと良いでしょう。

商品を購入しよう

［購入手続き］画面を表示する

目的の商品を表示し、［購入手続きへ］をタップします。

購入直前にもう一度チェックしよう

メルカリでは、基本的に早い者勝ちなので、気に入った商品は早く購入したいものです。しかし、支払い方法の中には、手数料が掛かるものがあります。また、出品者によっては、配送料を購入者負担に設定している場合もあります。"高い買い物" にならないためにも、クーポンの利用、支払い方法、配送料の負担などを必ずチェックしましょう。

クーポンの選択画面を表示する

［購入手続き］画面が表示されます。［クーポンがあります］と表示されている場合は、利用可能なクーポンがあるので、タップしクーポンの選択画面を表示しましょう。

使用するクーポンを選択する

［今すぐ使えるクーポン］で目的のクーポンを選択し、左上の［<］をタップして、［購入手続き］画面に戻ります。

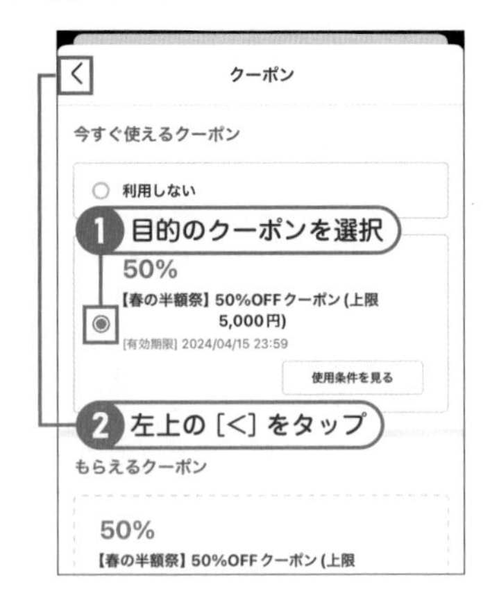

画面下部を表示する

上に向かってスワイプし、画面下部を表示します。

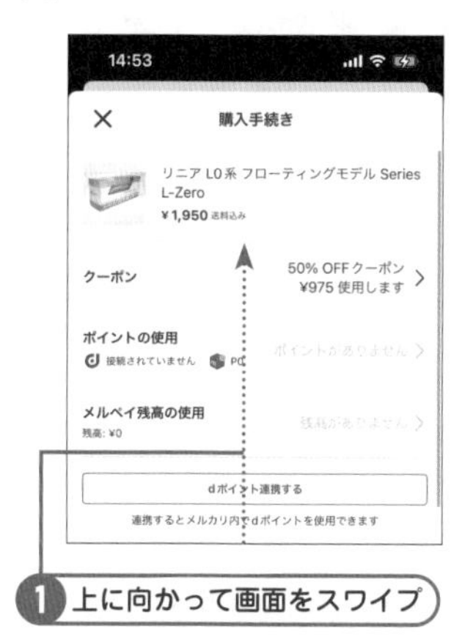

購入手続きの内容を確認する

支払い方法や配送先、支払い金額を確認し、［購入する］をタップします。

購入後のあいさつをしておこう

商品の購入手続きが完了すると、［取引画面］へ移動し、購入後のあいさつ送信を促されます。商品が購入されると出品者へ通知されますが、購入後のあいさつを送付することで、さらに通知が送信され、出品者への商品発送の催促になります。取引をスムースに進めるためにも、購入後のあいさつを送信しましょう。

商品購入の内容を確認する

商品代金とクーポンによる割引、支払い方法、支払い金額を確認し、［購入する］をタップし、商品の購入を実行します。

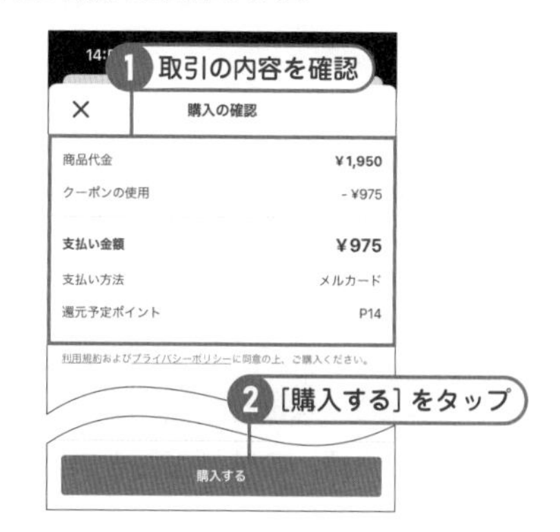

商品の購入が完了した

購入が完了し、この画面が表示されます。［取引画面へ］をタップします。

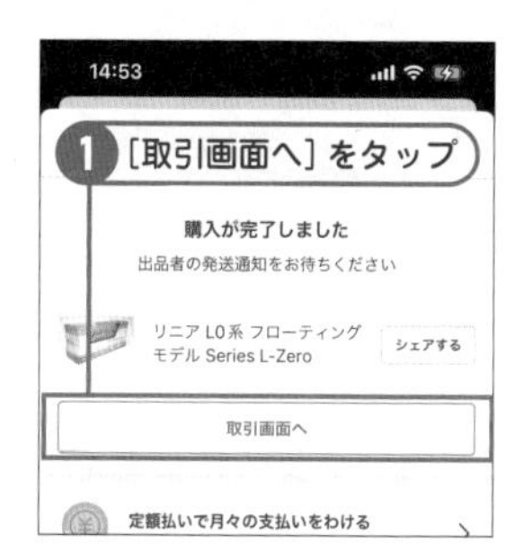

商品購入後のあいさつを送信する

商品購入後のあいさつを入力し、［取引メッセージを送る］をタップします。商品が届くまで待ちましょう。商品が到着し内容を確認できたら、出品者を評価します（Sec.20参照）

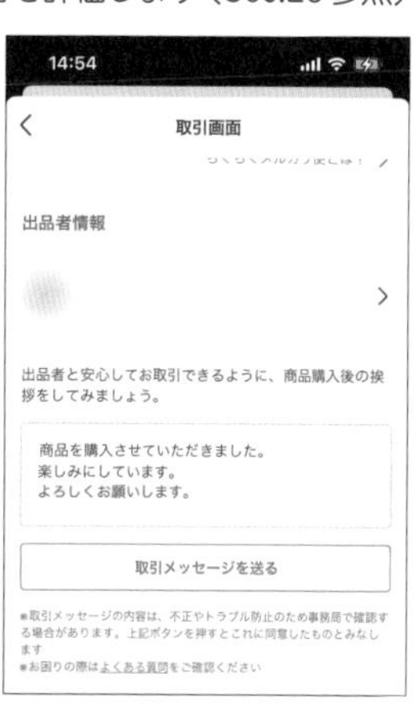

SECTION  まとめ買い

19 まとめ買いで得しよう

複数の商品を出品している出品者には、まとめ買いを依頼することができます。まとめ買いを利用すると、複数の商品を1度の配送で送ってもらえる他、希望価格を申請することができ、お得に購入することができます。

複数の商品をまとめ買いしよう

まとめ買いの依頼画面を表示する

目的の商品を表示し、[まとめ買い依頼] をタップします。

まとめ買いする商品を選択する

出品者が出品している他の商品一覧が表示されるので、目的の商品をタップして、[確認画面へ] をタップします。

画面の下部を表示する

まとめ買いする商品を確認し、上に向かってスクロールして下部を表示します。

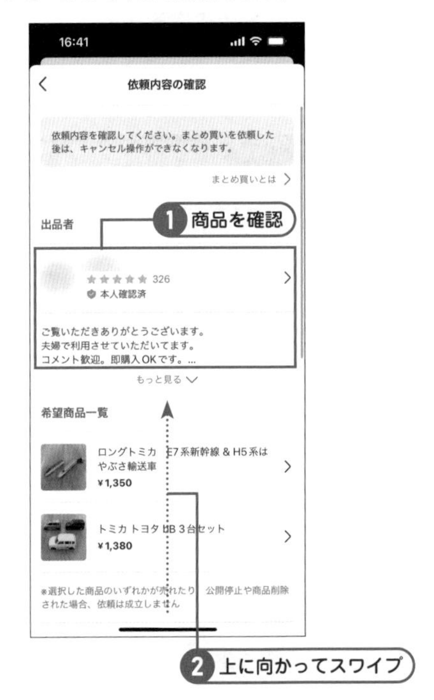

ヒント　まとめ買いにチャレンジしてみよう

メルカリでは、複数の商品を出品している出品者から、複数の商品をまとめて購入することができます。複数の商品をまとめて購入すると、1度の配送で複数の商品を受け取れる上、希望金額を申請して値引き交渉することもできます。まとめ買いで、お得に商品を購入してみましょう。

まとめ買いを依頼する

まとめ買いの希望金額を選択し、コメントを入力して、[まとめ買いをお願いする]をタップします。

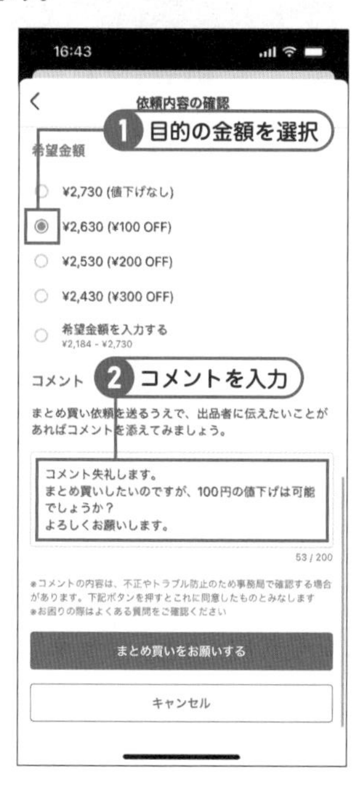

まとめ買いの依頼が完了した

まとめ買い依頼が完了しました。確認画面が表示されるので、[閉じる]をタップします。

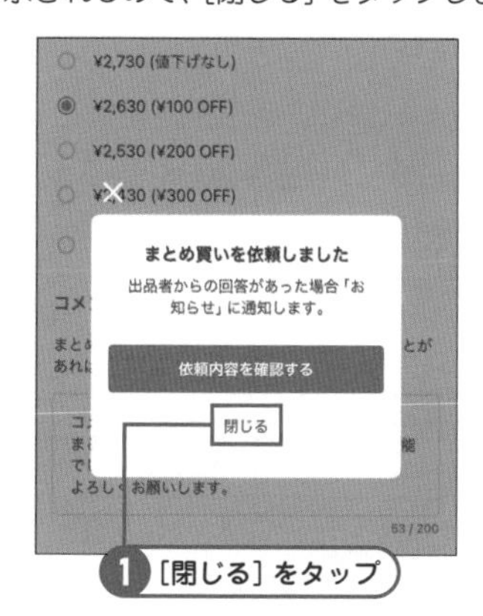

まとめ買いできないこともある

まとめ買い依頼をしても、出品者が承諾しなければ、まとめ買いすることはできません。また、まとめ買いの依頼が完了する前にその商品が売れてしまった場合は、まとめ買いすることはできなくなります。

まとめ買い承諾の通知をタップする

出品者がまとめ買いを承諾すると通知が[お知らせ]画面の[あなた宛]タブに届くので、目的の通知をタップします。

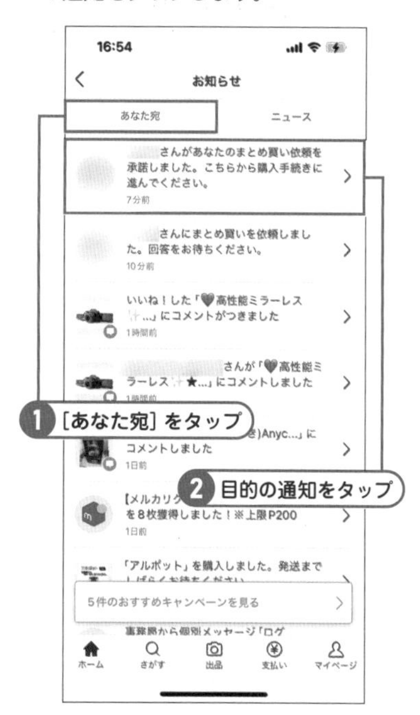

購入手続きに進む

まとめ買いの商品画面が表示されるので、[購入手続きへ]をタップします。

購入手続きの内容を確認する

クーポンや支払い方法を設定し、配送先などを確認して、［購入する］をタップします。

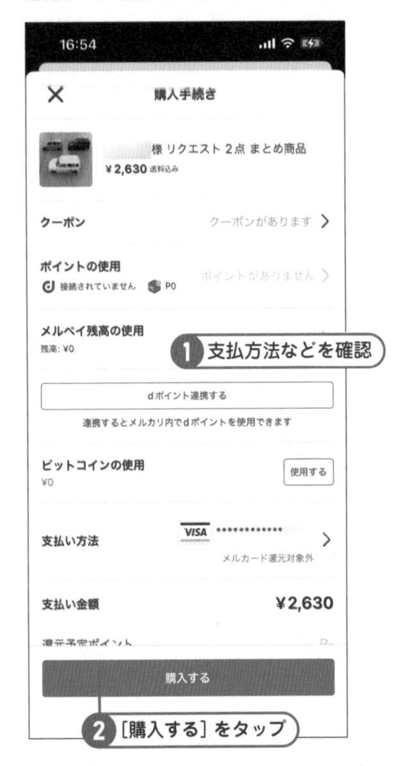

商品を購入する

商品代金や支払い金額などを確認し、［購入する］をタップします。

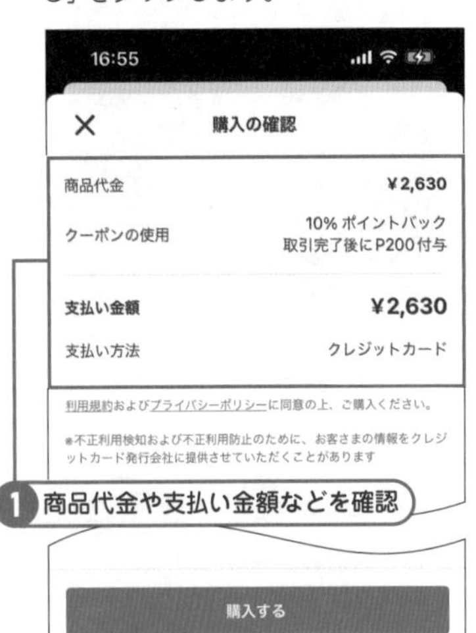

まとめ買いが完了した

まとめ買いが完了しました。［取引画面へ］をタップします。

購入後のあいさつを送信する

商品購入後のあいさつを入力し、［取引メッセージを送る］をタップします。商品が届いたら、出品者を評価します（Sec20参照）。

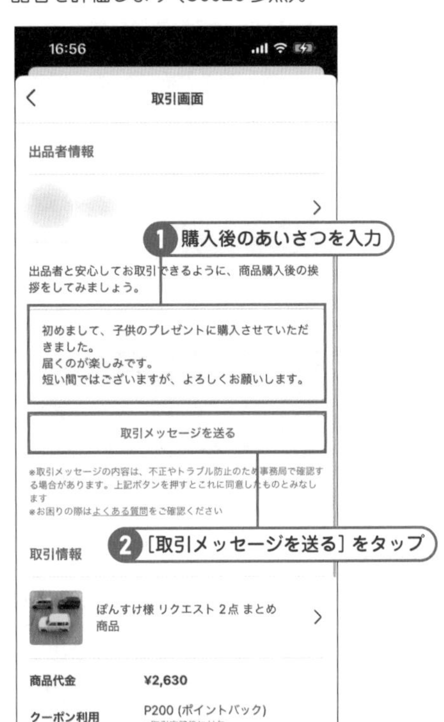

出品者の評価

20 出品者を評価しよう

商品が到着し内容を確認したら、出品者を評価します。メルカリのシステム上、購入者が出品者を評価することで、出品者はメルカリから売上が入金されます。商品が届いたら、できるだけ早く内容を確認し、出品者を評価しましょう。

出品者を評価する

[やることリスト] を表示する

商品が到着し、内容を確認したら、[ホーム] 画面の右上にある [やることリスト] のアイコンをタップします。

1 [やることリスト] のアイコンをタップ

通知をタップする

出品者への受取評価を促す通知をタップします。

1 目的の通知をタップ

出品者の受取評価を投稿する

上にスワイプして [取引評価] を表示して、[商品の中身を確認しました] をオンにし、[良かった] または [残念だった] のいずれかを選択します。評価コメントを入力し、[評価を投稿する] をタップします。

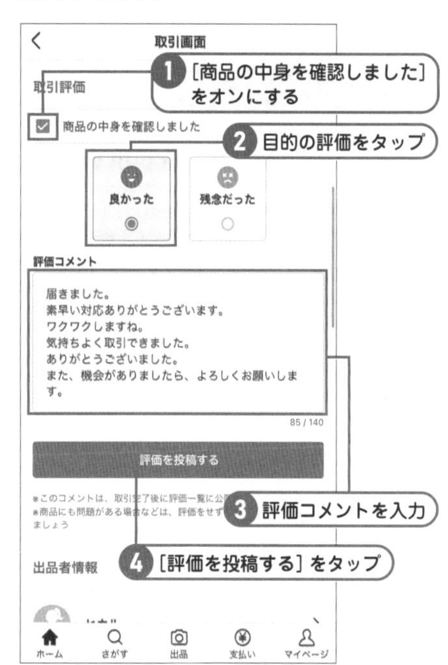

1 [商品の中身を確認しました] をオンにする

2 目的の評価をタップ

3 評価コメントを入力

4 [評価を投稿する] をタップ

チェック

受取評価はすばやく必ずしよう

商品を受け取ったらできるだけ早く内容を確認して、責任をもって受取評価を実行しましょう。受取評価をしなければ、進行中の取引を破棄することになり、迷惑行為とみなされます。警告や取引制限の対象になるため、商品を受け取ったら必ず受取評価を行いましょう。

受取評価の送信が完了した

受取評価の送信が完了しました。

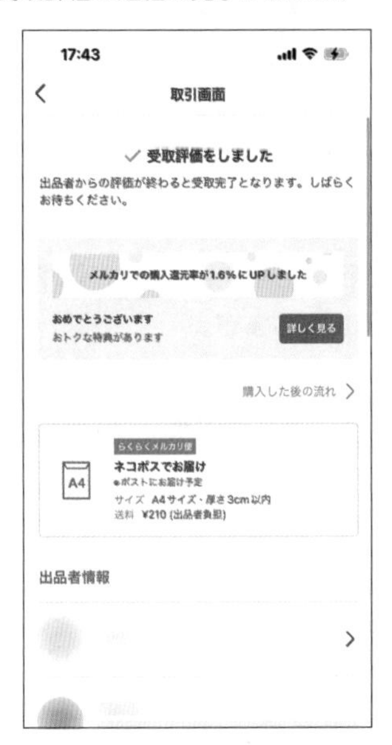

出品者からの評価を確認する

［お知らせ］画面を表示する

出品者から評価されると、［お知らせ］画面に通知が届きます。［ホーム］画面で［お知らせ］のアイコンをタップして、［お知らせ］画面を表示します。

商品が商品説明と違っていた場合

到着した商品に商品説明や商品写真にない不具合や傷、汚れなどが合った場合は、すぐに受取評価を行わずに、取引メッセージで不備について相談しましょう。その上で、受取評価を行います。

通知をタップする

「〇〇さんがあなたを評価しました。」と記載されている通知をタップします。

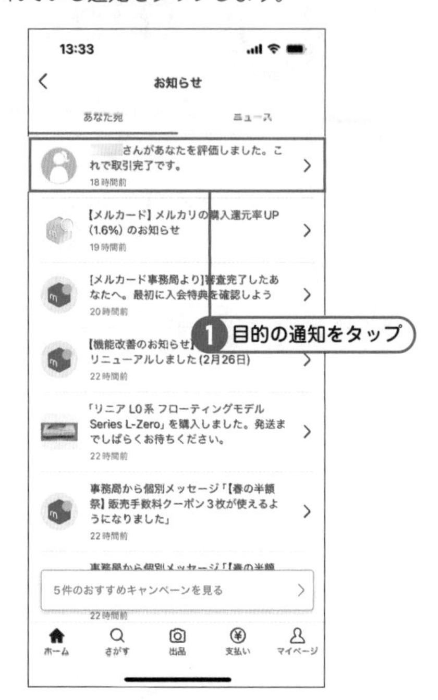

出品者からの評価を確認する

出品者からの評価を確認します。

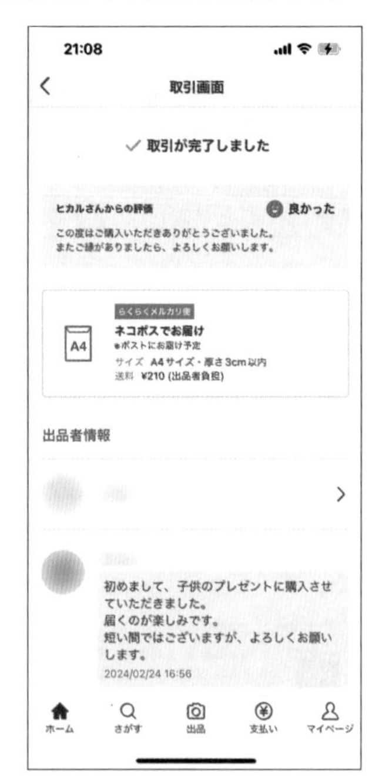

購入履歴の確認

21 購入履歴を確認する

商品を購入したら、購入履歴を確認してみましょう。現在取引中の商品や過去の商品を確認すると、次に購入する商品の参考になるかもしれません。なお、購入履歴は、編集したり、削除したりすることはできません。

現在取引中の商品を確認する

購入した商品のリストを表示する

下部のメニューで［マイページ］をタップし、［購入した商品］をタップして、購入履歴の画面を表示します。

取引中の商品に絞り込む

購入した商品のリストが表示されます。［取引中の商品］をオンにして、リストを取引中の商品のみに絞り込みます。

商品の詳細画面を表示する

取引中の商品に絞り込まれます。目的の商品をタップします。

取引の現状を確認する

配送状況や取引評価など、現在の状況を確認します。

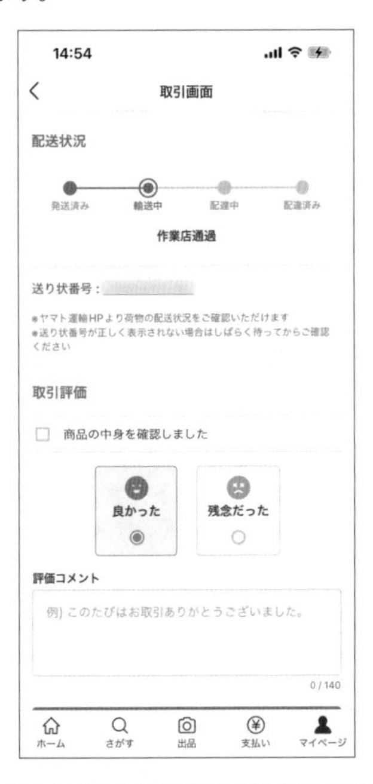

過去の購入履歴を確認する

過去の購入履歴を表示する

［購入した商品］画面を表示し、下部にある［すべてを表示する］をタップして、過去に購入したすべての商品を表示します。

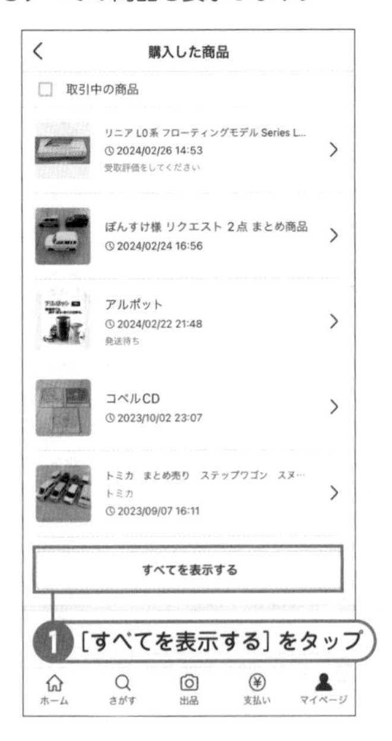

商品の詳細を表示する

過去に購入したすべての商品リストが表示されます。目的の商品をタップします。

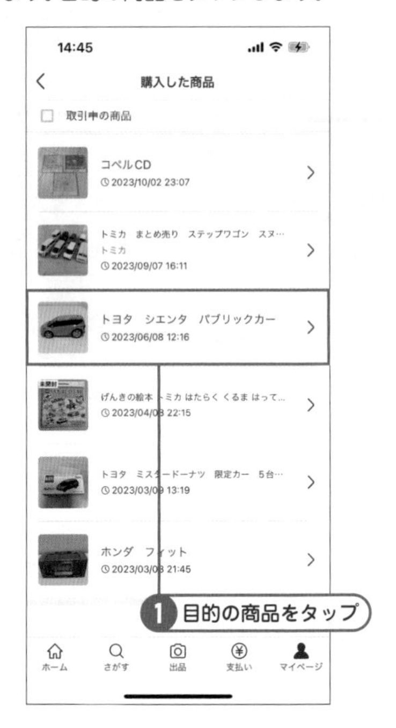

商品の取引情報を確認する

過去の取引情報を確認できます。

4章

メルカリで商品を売ってみよう

メルカリの醍醐味のひとつは、自宅に眠っているモノが売れることでしょう。たとえ使いかけのクリームでも、開封してしまった化粧品でも売れるのです。使わなくなった子供のおもちゃに、サイズアウトしたＴシャツなど、フリーマーケット感覚で、いつでもどこからでも出品できます。そして売れれば現金化できるわけです。さぁ、自宅のいらないモノを探して、メルカリに出品してみましょう。

SECTION 22

Key Word 商品販売のメリット・デメリット

メルカリで商品を販売するメリットは？リスクは？

メルカリに出品する最も大きなメリットは、自宅にある不要な物を気軽に販売できることです。使いかけの保湿クリームや使わなくなった子供のおもちゃなど、出品すれば結構な割合で売れます。リスクもありますが、メリットの方が大きいでしょう。

メルカリに出品するメリット

店舗を持って商売を始めようとすると、大変な労力と時間、資金が掛かります。しかし、メルカリを利用すると、自宅にあるいらないモノや使わなくなったものを商品として出品するだけで商売を始めることができます。しかも、駅や公園で行われるフリーマーケットと違って、スマホさえあれば毎日どこからでも、出品することができます。この気軽さが、メルカリの最大のメリットといえるでしょう。

・使いかけのもの、使わなくなったものが現金化できる

メルカリでは、公園で行われるフリーマーケットの感覚で使わなくなった子供のおもちゃや着なくなったシャツやパンツ、肌に合わず少量使っただけのクリームなどが出品されています。正規で購入すると高い化粧品でも、少量使ったということで安くなっていれば売れるわけです。まずは、自宅の中で使わなくなったものを取り出してみましょう。売れそうなものがあるかもしれません。

▲使いかけのハンドクリームも商品になる

▲使わなくなった子供のおもちゃもコレクションアイテムに

・スマホでいつでもどこでも出品できる

［メルカリ］アプリがインストールされているスマホと商品さえあれば、いつでもどこからでも出品することができます。［メルカリ］アプリでは、出品の一連の流れの中で商品写真を撮影することもできます。メルカリへの出品を重く捉えず、フリマ感覚で気軽に出品してお小遣いを稼いでみましょう。

・値引きしてすばやく現金化できる

メルカリの特徴のひとつに値引き交渉できることが挙げられます。値引き交渉は、購入者にメリットが高いですが、出品者にとっても商品の回転を上げるための潤滑油になってくれる機能です。出品した商品が思ったより反応が悪ければ、値下げして様子を見ましょう。

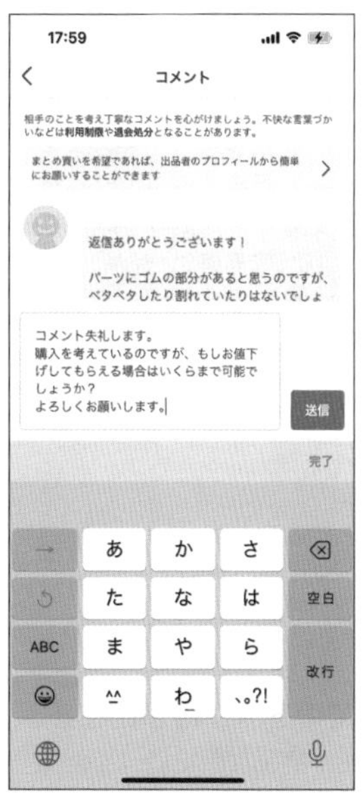

▲コメントを利用した値下げ交渉が盛んです

・匿名配送で安全に取引できる

メルカリでは、「らくらくメルカリ便」や「ゆうゆうメルカリ便」といった匿名による配送サービスが用意されています。これらの匿名配送サービスでは、購入者の住所や宛先をコード化することで、出品者も購入者も名前や住所を開示する必要がなく、安心して商品を配送することができます。

・メルカリの配送方法 早わかり表

mercari　配送方法 早わかり表　小～中型サイズのものを送る時

配送方法	商品例	サイズ 縦	横	厚さ	全国一律料金（税込）	匿名配送	追跡	補償	発送場所	受取場所
宛名書き不要 らくらくメルカリ便 ネコポス	薄手の衣類、アクセサリー、コスメ、本、CDなど	角形A4サイズ 23～31.2cm以内	11.5～22.8cm以内	3cm以内	1kg以内 210円	●	●	●	ヤマト営業所 セブン-イレブン ファミリーマート 宅配便ロッカーPUDO	郵便受け
宛名書き不要 ゆうゆうメルカリ便 ゆうパケット	薄手の衣類、アクセサリー、コスメ、本、CDなど	A4サイズ 3辺合計60cm以内 長辺34cm以内		3cm以内	1kg以内 230円	●	●	●	郵便局 ローソン スマリボックス	郵便受け コンビニ 郵便局 はこぽす
宛名書き不要 ゆうゆうメルカリ便 ゆうパケットポスト	薄手の衣類、アクセサリー、コスメ、本、CDなど	【専用箱】32.7cm	22.8cm	3cm	2kg以内 215円 ゆうパケットポスト専用箱 65円	●	●	●	郵便ポスト	郵便受け コンビニ 郵便局 はこぽす
		【発送用シール】3辺合計60cm以内、長辺34cm以内、かつ郵便ポストに投函可能なもの			ゆうパケットポスト発送用シール1枚 5円					
宛名書き不要 ゆうゆうメルカリ便 ゆうパケットポストmini	薄手の衣類、アクセサリー、コスメ、本、CDなど	【専用封筒】21cm×17cm かつ郵便ポストに投函可能なもの			2kg以内 160円 ゆうパケットポストmini専用封筒 20円	●	●	●	郵便ポスト	郵便受け コンビニ 郵便局 はこぽす
定形郵便	ステッカーなど軽くて薄いもの	定形封筒など 14～23.5cm以内	9～12cm以内	1cm以内	25g以内 84円 50g以内 94円	×	×	×	郵便局 郵便ポスト	郵便受け
定形外郵便	定形封筒に入らないもので軽い物・ポスターなど筒状のものもOK	規格内 34cm以内	25cm以内	3cm以内	50g以内 120円 100g以内 140円 150g以内 210円 250g以内 250円 500g以内 390円 1kg以内 580円	×	×	×	郵便局 郵便ポスト	郵便受け
		規格外 3辺合計90cm以内 60cm以内	-	-	50g以内 200円 100g以内 220円 150g以内 300円 250g以内 350円 500g以内 510円 1kg以内 710円 2kg以内 1,040円 4kg以内 1,350円	×	×	×		
クリックポスト	本、CD、コスメ、アクセサリー、文房具など	A4サイズ以内 14～34cm以内	9～25cm以内	3cm以内	1kg以内 185円	×	●	×	郵便局 郵便ポスト	郵便受け
スマートレター	本、CD、コスメ、アクセサリー、文房具など	【専用封筒】A5サイズ 25cm	17cm	2cm以内	1kg以内 180円	×	×	×	郵便局 郵便ポスト	郵便受け
レターパックライト	本、CD、コスメ、アクセサリー、文房具など	【専用封筒】A4サイズ 34cm	24.8cm	3cm以内	4kg以内 370円	×	●	×	郵便局 郵便ポスト	郵便受け
レターパックプラス	本、CD、コスメ、アクセサリー、文房具など	【専用封筒】A4サイズ 34cm	24.8cm	3cm以上も可	4kg以内 520円	×	●	×	郵便局 郵便ポスト	対面受取

メルカリに出品するデメリット・リスク

メルカリには、多くの中古品が販売されています。そのため、購入者による商品の不備や不良、変色などへの警戒心が高い傾向にあります。商品説明や商品写真に説明不足があると、場合によってはトラブルへと発展してしまいます。また、値下げ交渉で極端に安い価格をリクエストするユーザーもいます。トラブルを避けるためにも、できるだけ慎重に、丁寧に対応する必要があります。

・思っていたよりも安く売れることがある

出品する際に、値下げ交渉されることを前提として高い商品価格を付けると、どうしても注目度は下がってしまいます。安い価格を付けて出品すると、注目度は上がりますが、その価格から値下げ交渉することになります。値下げ交渉で極端に安く吹っ掛けてくるユーザーもいます。判断するのは出品者ですが、値下げに応じるか断るか、そこでジレンマが生じます。

・商品のついてのトラブルが起こる

メルカリの場合、商品を手に取って確認することができません。購入者が確認できるのは、商品説明と商品写真のみです。そのため、写真映りが悪かったり、商品説明に不足があったりするとトラブルになることがあります。また、配送中に商品が壊れてしまうリスクもあります。商品写真と商品説明は丁寧に抜けなく書きましょう。また、発送は壊れないように緩衝材などを工夫しましょう。

・手数料が高い

メルカリは、匿名配送など安全に取引できる分、販売手数料が商品代金の10%と、他のフリマサービスよりも高く設定されています。そのため、利益が薄くなってしまうデメリットがあります。

サービス	販売手数料
メルカリ	10%
Yahoo！フリマ	5%
ラクマ	4.5～10% （基本は10%）

SECTION Key Word 取引の流れ

23 出品から評価まで取引の流れを知っておこう

スマホに［メルカリ］アプリをインストールしていれば、いつでも、どこからでも出品できます。出品から売上金入金までの流れを知っておけば、より気軽にメルカリを利用できるでしょう。自宅にあるいろんなものを出品して、お小遣いを稼ぎましょう。

取引全体の流れを確認しよう

メルカリでの取引の主な流れとしては、準備、出品、発送、評価の４段階があります。出品、発送、評価では、出品者と購入者の間にメルカリが入っていて、取引メッセージ以外で出品者と購入者が直接接点を持つことなく安全にやり取りできます。

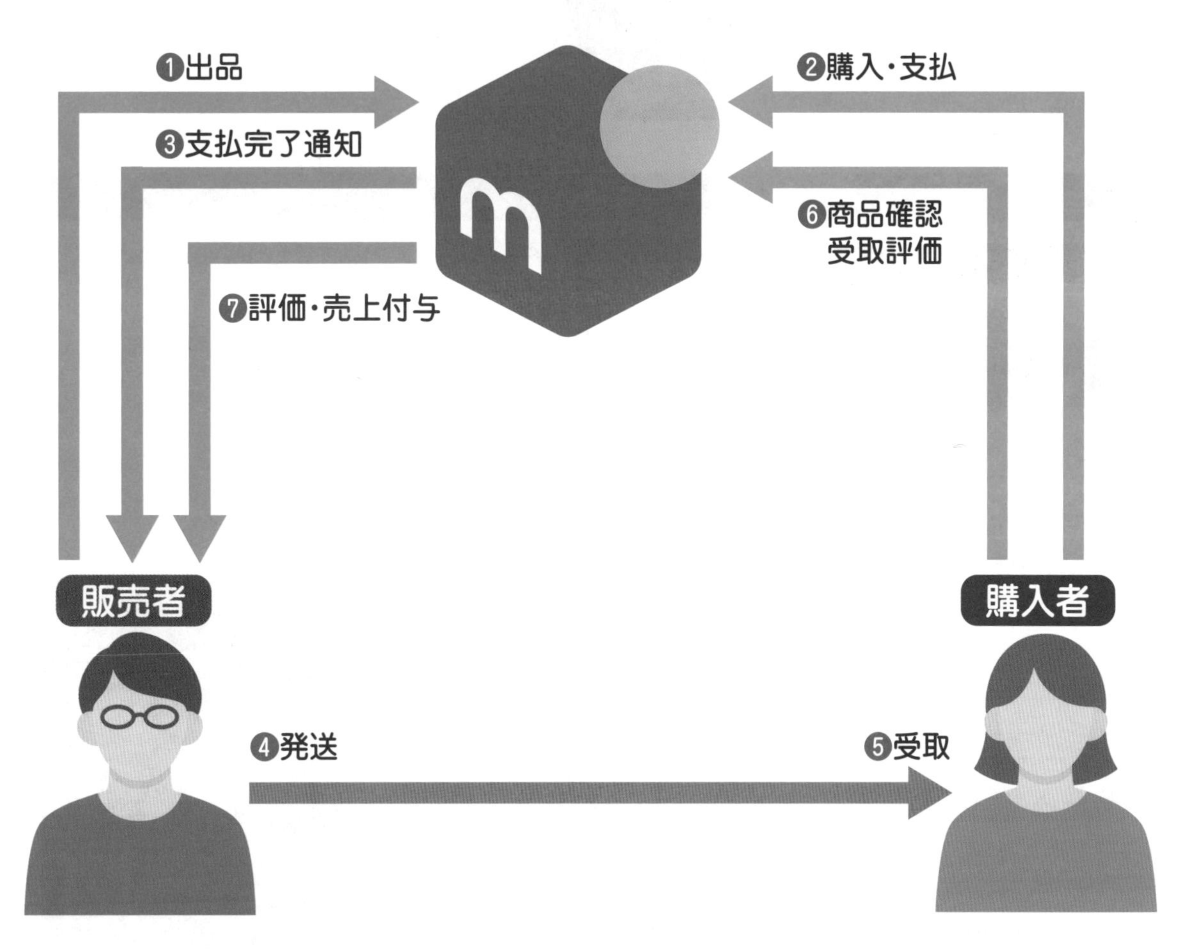

出品の準備をしよう

メルカリで商品を売るには、まず商材を探さなければ始まりません。そのためには、ある程度、どんなものが、どれくらいの値段で売れているのかを知っておいた方が良いでしょう。商材が見つかったら、その商品についてインターネットで調べたり、寸法や重さを測ったりして、商品について説明するための情報を収集します。また、商品写真をあらかじめ準備しておいても良いでしょう。

商品を出品する

メルカリへの出品は、スマホの［メルカリ］アプリから行うと良いでしょう。パソコンのWebブラウザー出品することもできますが、スマホの［メルカリ］アプリから出品すると、一連の操作の中で商品写真を撮影することもできるので便利です。出品する際には、商品のサイズや重さを確認して、最適な配送方法を指定しましょう。

◀［メルカリ］アプリだと簡単な操作で気軽に出品できます

ヒント　ダークモードを利用しよう

［メルカリ］アプリでは、ダークモードに切り替えられるようになりました。ダークモードの利用で目への負担が軽減され、長時間の利用でも楽になります。画面をダークモードに切り替えるには、画面下部で［マイページ］をタップし、［設定］にある［環境設定］→［画面表示］をタップして、表示される画面で［ダークモード］をタップします。

購入されたらすばやく発送しよう

購入されたら取引メッセージですぐに購入者と連絡を取り、発送方法の確認を取って、発送予定日を伝えます。そのスケジュールに沿って、商品を梱包し、できるだけ早く発送しましょう。梱包は丁寧にすると、配送中の破損を防げるだけでなく、購入者の印象を良くすることができ、次の取引につながる可能性があります。

・ゆうゆうメルカリ便の専用箱

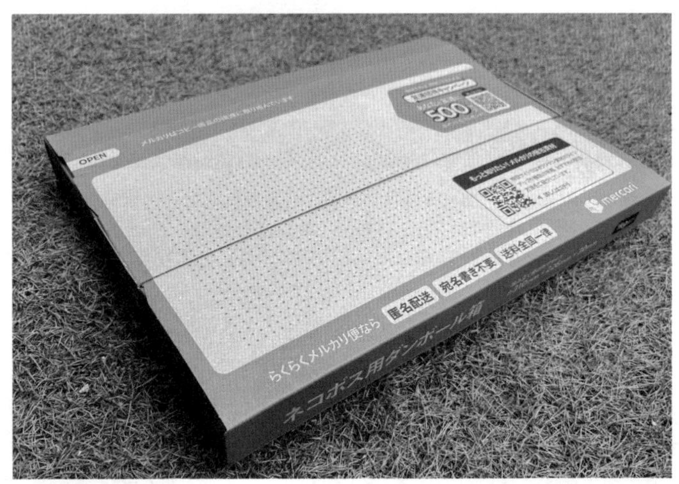

取引を評価しよう

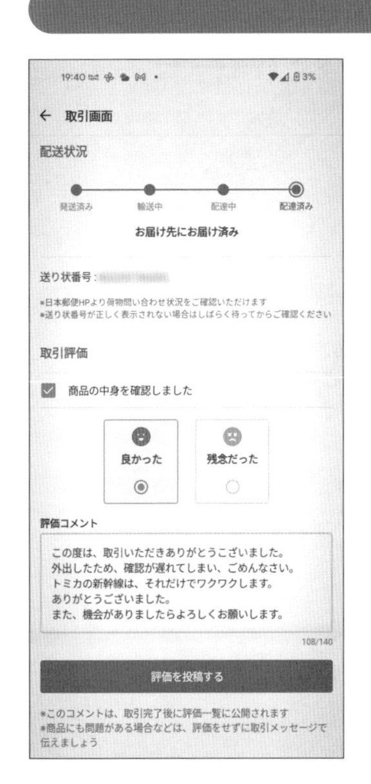

購入者から受取評価を受けたら、取引全体を振り返って、評価しましょう。評価が完了すると取引が完了します。評価しないまま放置していると、進行中の取引を放棄する迷惑行為とみなされ、警告や利用制限などのペナルティが課せられる場合もあるため注意しましょう。

24 出品のルールを知っておこう

メルカリは、一般ユーザーが気軽に商品を売買できるフリマサービスです。だからこそ、出品者が守るべきルールが細かく決められています。販売してはいけない物、してはいけない行為をしっかり確認してから出品しましょう。

偽物・盗難品は売ってはいけない

ブランド品の偽物を取引することは、商標法や意匠法、著作権法などに抵触する違法行為です。また、購入時のレシートがない、シリアルナンバーの写真掲載がないなど、正規品の確証がない商品の取引も、同様の理由で禁止されています。違反が発覚した場合は、取引キャンセルや利用制限、場合によっては刑事事件に発展することもあります。偽物の取引は絶対にしてはいけません。

著作権や肖像権などを侵害するようなものは出品できません

盗品は販売できません。盗品とわかっていて購入すると窃盗罪などの罪に問われます。

法律違反の物、公序良俗に反する物の取引は禁止

メルカリでは、公序良俗に反するモノ、法律に抵触するモノ、トラブルに発展する可能性のあるモノの取引を禁止しています。特に武器や武器になりえる物、薬物、脱法ドラッグ、アダルトグッズ、児童ポルノなど、該当するカテゴリーの商品を出品、取引した場合、アカウントの利用制限などの措置が取られることがあります。場合によっては、刑事事件に発展することもあります。禁止された商品の取引は絶対にしないようにしましょう。

手元にない商品を販売する

手元にない商品を出品することは禁止されています。商品の説明ができない、発送できない、商品到着が遅れるなどのトラブルを避けるためです。また、メルカリではないサービスから購入者宛に直接商品を発送することも禁止されています。商品は手元にある状態で出品し、販売者が責任をもって発送しましょう。

手元に商品がない状態での
出品は禁止されています

商品の詳細がわからない物を販売する

商品の内容が明確でない物の販売はできません。例えば、福袋を販売するときには、その内容物を明示する必要があります。商品写真や商品説明に福袋の内容を掲載せずに出品すると、削除の対象になることがあります。開封してみなければわからないオマケなどもこれに該当します。商品に含まれる物の名前や詳細、商品写真がなければ、実際に届く商品を特定することができず、購入者との間でトラブルになるためです。

化粧品やコスメ製品の出品には気を付けよう

化粧品やクリームは開封されていても出品できますが、消費期限が切れているものは出品できません。一般的に化粧品、コスメ製品の使用期限は、製造年月日から未開封で3年です。使用期限を過ぎた化粧品は、変質したり腐敗したりする可能性があるため、安全性の観点から使用期限が切れた化粧品・コスメ製品の販売は禁止されています。また、同様の理由で、法的許認可のない手作りコスメは販売が禁止されています。また、店頭で配布されている化粧品のテスター、小分けにされた化粧品、個人的に輸入された化粧品の販売も禁止されています。

チケット類の出品には気を付けよう

メルカリでは、コンサートやスポーツイベントなどのチケットを取引することができます。チケット類は、「紙チケット」と「電子チケット」があり、そのうち電子チケットは取引禁止です。なお、QRコードが印字されたチケットも電子チケットとして扱われ、取引禁止です。また、紙チケットでも次のようなチケットの取引は禁止されているため、注意が必要です。

① 転売目的で購入されたチケット
② 記名式チケットや個人情報の登録があるチケット
③ 航空券・乗車券・旅行券
④ 出品者の手元にないチケット、未発券のチケット
⑤ 支払い証明書や引き換え票が必要なチケット

医薬品やサプリメントの出品に気を付けよう

メルカリでは、薬機法に基づき医薬品は出品禁止です。また、販売に許可や届け出が必要な医療機器や薬の空シート、薬の空ボトル、空き箱、説明書といったものも出品が禁止されています。脱法ドラッグなどの薬物やたばこ・葉巻、ニコチンが含まれる電子タバコのリキッドも出品できません。サプリメントについても、医薬品に該当する成分を含むものや医薬品的な効能を標榜しているサプリメントも出品できません。サプリメントを出品する際には、成分を確認しましょう。なお、ピンセットや絆創膏など「一般医療機器」と表記された商品は出品可能です。

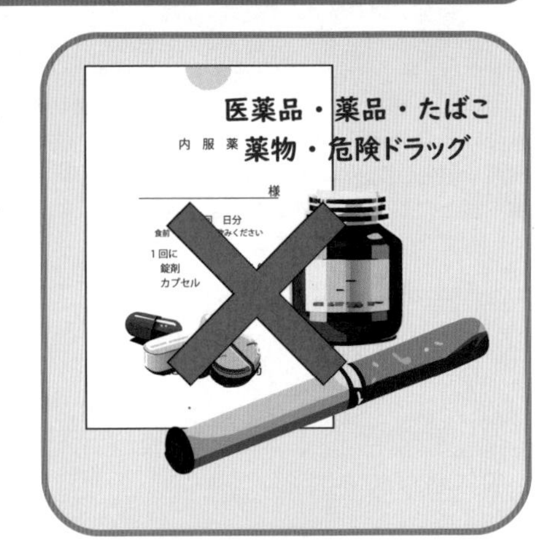

メルカリが用意した取引の流れに沿わない行為

メルカリでは、個人情報や商品にまつわるトラブル、犯罪を防ぐために販売者と購入者の間にメルカリが入るエスクロー決済システムを導入しています。そのため、メルカリが用意した取引の流れに沿わない行為を禁止しています。例えば、出品者が購入者に商品到着前に評価を促したり、メルカリが用意した以外の方法で入金を迫ったりするなどの行為が該当します。

メルカリが設定した以外の方法で取引を行うのは禁止

取引完了後、互いに必ず評価する

メルカリでは、販売者、購入者の双方が互いを評価するまで取引が完了しません。評価は、商品受け取りや取引完了の確認も兼ねているため、必ず実行しましょう。評価しないと、進行中の取引を破棄することになるため、迷惑行為として警告や利用制限の対象となります。販売者は、受取評価を確認後、すみやかに取引に対する評価を行いましょう。

・[評価一覧] 画面

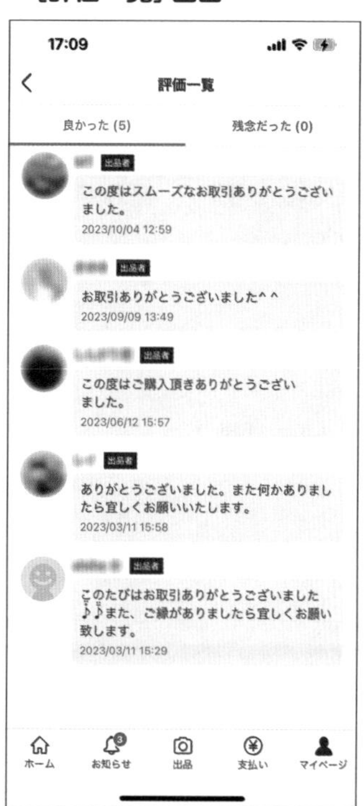

SECTION Key Word メルカリの配送方法

25 配送方法について知っておこう

メルカリでは、「らくらくメルカリ便」と「ゆうゆうメルカリ便」という匿名で商品を配送できるサービスを提供しています。配送料も負担にならない程度に抑えられていることから、匿名配送サービスでの配送をおすすめします。

匿名配送が安心で便利

メルカリでは、ヤマト運輸の「らくらくメルカリ便」と日本郵便の「ゆうゆうメルカリ便」の2つの匿名配送サービスを提供しています。出品者、購入者共に住所や氏名を開示する必要はなく、コンビニや店舗、郵便局でメルカリから発行されるコードを示すだけで宛名書きをすることなく発送できます。また、配送料は商品の売上金から自動的に差し引かれるため、店舗で支払いをする必要もありません。商品の発送は、匿名配送サービスを利用することをおすすめします。匿名配送サービスのメリットは次の通りです。

・出品者、購入者共に住所や氏名を開示しなくて済む
・宛名書きをしないで発送できる
・さまざまなサイズの商品に対応している
・配送料が売上金から差し引かれるため支払いの手間を省ける
・専用箱やシールが用意されているため梱包しやすい

・らくらくメルカリ便

<table>
<tr><th rowspan="2">配送方法</th><th colspan="3">サイズ</th><th colspan="2">全国一律料金（税込）</th><th rowspan="2">匿名配送</th><th rowspan="2">追跡</th><th rowspan="2">補償</th></tr>
<tr><th>縦</th><th>横</th><th>厚さ</th><th>重さ</th><th>価格</th></tr>
<tr><td rowspan="2">らくらくメルカリ便
ネコポス</td><td colspan="3">角形A4サイズ</td><td rowspan="2">1kg以内</td><td rowspan="2">210円</td><td rowspan="2">○</td><td rowspan="2">○</td><td rowspan="2">○</td></tr>
<tr><td>23～31.2cm</td><td>11.5～22.8cm</td><td>3cm以内</td></tr>
<tr><td rowspan="4">らくらくメルカリ便
宅急便コンパクト</td><td colspan="3">【薄型専用BOX】</td><td colspan="2" rowspan="4">450円</td><td rowspan="4">○</td><td rowspan="4">○</td><td rowspan="4">○</td></tr>
<tr><td>24.8cm</td><td>34cm</td><td>外寸5cmまで</td></tr>
<tr><td colspan="3">【専用BOX】</td></tr>
<tr><td>20cm</td><td>25cm</td><td>5cm</td></tr>
<tr><td rowspan="5">らくらくメルカリ便
宅急便</td><td colspan="3" rowspan="5">3辺合計200cm以内</td><td>120サイズ
（15kg以内）</td><td>1,200円</td><td rowspan="5">○</td><td rowspan="5">○</td><td rowspan="5">○</td></tr>
<tr><td>140サイズ
（20kg以内）</td><td>1,450円</td></tr>
<tr><td>160サイズ
（25kg以内）</td><td>1,700円</td></tr>
<tr><td>180サイズ
（30kg以内）</td><td>2,100円</td></tr>
<tr><td>200サイズ
（30kg以内）</td><td>2,500円</td></tr>
</table>

・ゆうゆうメルカリ便

配送方法	サイズ			全国一律料金（税込）		匿名配送	追跡	補償
	縦	横	厚さ	重さ	価格			
ゆうゆうメルカリ便 ゆうパケット	A4サイズ　3辺合計60cm以内 長辺34cm以内・厚さ3cm以内			1kg以内	230円	○	○	○
ゆうゆうメルカリ便 ゆうパケットポスト	【専用箱】32.7×22.8×3cm 【発送用シール】			2kg以内	215円	○	○	○
ゆうゆうメルカリ便 ゆうパケットポストmini	【専用封筒】 21cm×17cm 郵便ポストに投函可能なもの			2kg以内	160円	○	○	○
ゆうゆうメルカリ便 ゆうパケットプラス	【専用BOX】			2kg以内	455円	○	○	○
	17cm	24cm	7cm					
ゆうゆうメルカリ便 ゆうパック	3辺合計170cm以内			60サイズ	750円	○	○	○
				80サイズ	870円			
				100サイズ	1,070円			
				120サイズ	1,200円			
				140サイズ	1,450円			
				160サイズ	1,700円			

メモ

専用箱・専用シールは有料

「らくらくメルカリ便」と「ゆうゆうメルカリ便」には、配送の際に利用する専用箱と専用シールが用意されています。専用箱や専用シールは、有料でコンビニエンスストアや郵便局で販売されています。

配送サービス	タイプ	縦×横×厚さ	価格（1個・1枚）
らくらくメルカリ便	宅急便コンパクト薄型ボックス	24.8×34×5cm	70円
	宅急便コンパクト専用ボックス	20×25×5cm	70円
ゆうゆうメルカリ便	ゆうパケットポスト専用箱	32.7×22.8×3cm	65円
	ゆうパケットポスト発送用シール	-	5円
	ゆうパケットポストmini専用封筒	21×17cm	20円

チェック

配送で禁止されている行為

メルカリでは、配送する際に次のような行為を禁止しています。禁止行為が発覚した場合は、アカウント利用制限などの措置を取られる可能性があります。禁止行為は絶対に行わないようにしましょう。

・送料込の商品を送料別（着払い）で発送すること
・商品の宛先を郵便局（営業所）留めにすること
・商品の手渡しを強要すること
・支払いを行う前に出品者へ発送を促すこと
・海外から商品を配送すること（海外へ商品を配送することも禁止します）
・自身の意志で着荷を受け取ることのできない施設を配送先に設定すること

匿名配送以外の配送方法

メルカリでは、商品を普通郵便で発送することもできます。アクセサリーやトレーディングカードなど、小さくて軽いものを送る場合には、配送料を節約することができます。しかし、商品の破損や紛失の補償が付かないことや、住所や氏名などの個人情報を開示される、遠距離の場合時間がかかるといったデメリットもあります。また、クリックポストとレターパックを除いて、追跡サービスもついていないため、高額な商品の発送は避けた方が良いでしょう。

配送方法	サイズ			全国一律料金（税込）		匿名配送	追跡	補償
	縦	横	厚さ	重さ	価格			
定形郵便	定形封筒など			25g以内	84円	×	×	×
	14〜23.5cm以内	9〜12cm以内	1cm以内	50g以内	94円			
定形外郵便	規格内 34×25×3cm以内			50g以内	120円	×	×	×
				100g以内	140円			
				150g以内	210円			
				250g以内	250円			
				500g以内	390円			
				1kg以内	580円			
	規格外 3辺合計90cm以内で 長辺が60cm以内			50g以内	200円	×	×	×
				100g以内	220円			
				150g以内	300円			
				250g以内	350円			
				500g以内	510円			
				1kg以内	710円			
				2kg以内	1,040円			
				4kg以内	1,350円			
クリックポスト	A4サイズ以内			1kg以内	185円	×	○	×
スマートレター	【専用封筒】A5サイズ			1kg以内	180円	×	×	×
レターパックライト	【専用封筒】A4サイズ			4kg以内	370円	×	○	×
レターパックプラス	【専用封筒】A4サイズ			4kg以内	520円	×	○	×

SECTION 26

Key Word 価格の決定方法

商品の価格の決め方を知っておこう

メルカリでは、値下げ交渉が可能です。また、配送料も出品者負担にしている商品が多いのが特徴です。これらを踏まえて、商品価格は相場を確認して、ある程度高く設定し値下げ交渉に対応するのが良いでしょう。

商品価格の構成を知っておこう

商品価格を商品の状態から何となく設定すると、値引き交渉に応じたら、販売手数料と配送料が差し引かれて赤字になった…ということが起こりかねません。まずは、相場を調べて、売れる価格帯を確認しましょう。そして、これ以上は値下げ交渉に応じない最低販売価格を決めます。その際には、配送料と販売手数料を考慮に入れて、利益を計算しておきましょう。その上で、値下げ交渉されることを前提にして、相場より10%程度高い金額を商品価格として出品します。

商品価格	
最低販売価格	値下げ幅
利益 / 配送料 / 販売手数料	

ヒント **商品の状態に合わせて商品価格を設定する**

メルカリは、商品の状態を「新品・未使用」、「未使用に近い・汚れがない」、「使用感や汚れが目立つ」の3段階に分け、それぞれに定価に対するパーセンテージで商品価格を設定する方法を提案しています（表参照）。配送料を出品者が負担する場合は、この価格に配送料を加えます。価格を設定する際の参考にしてみましょう。

商品の状態	おすすめの値段
新品、未使用品	定価の60～80%
未使用に近い、汚れがない	定価の30～60%
使用感や汚れが目立つ	定価の20～40%

価格の相場を調べよう

検索ボックスをタップする

ホーム画面で検索ボックスをタップします。

キーワードで検索する

商品名などのキーワードを入力し、検索を実行します。

［絞り込み］画面を表示する

検索結果が表示されます。［絞り込み］をタップし、［絞り込み］画面を表示します。

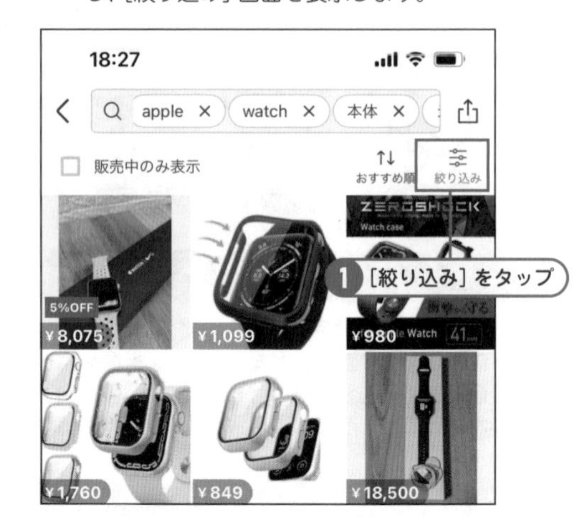

［販売状況］画面を表示する

［販売状況］をタップして、［販売中］または［売り切れ］で絞り込む画面を表示します。

ヒント　売り切れの商品に絞り込む

商品の相場を確認するには、どのくらいの金額で売れたのかを調べる必要があります。［メルカリ］アプリで同じ商品がどれくらいの金額で売れたのかを確認するには、キーワード検索した結果を［絞り込み］画面の［販売状況］で［売り切れ］に絞り込みます。

検索結果を「売り切れ」で絞り込む

[売り切れ] をオンにし、[決定する] をタップして、売切れの商品に絞り込みます。

さらに商品の状態で絞り込む

同様に [絞り込み] 画面で [商品の状態] をタップし、商品の状態に該当するものをオンにし、[決定する] をタップします。

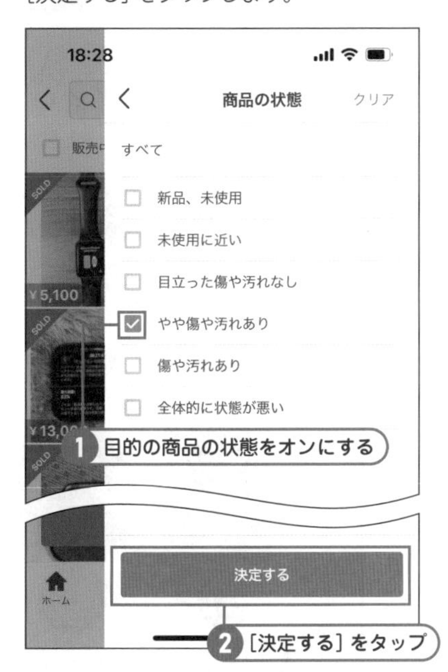

出品する設定と同じ内容にして絞り込む

商品に付属品が付いている場合と付いていない場合では、当然ながら商品代金が異なります。相場を調べる場合は、手元の商品と同じ条件で絞り込みましょう。

検索を実行する

[絞り込み] 画面に戻るので [検索する] をタップし、検索を実行します。

販売価格を確認する

指定した条件で商品が絞り込まれます。価格を確認し、商品の最低販売価格設定の参考にします。

SECTION 27

Key Word 出品物の探し方

メルカリに出品する物を探そう

初めてメルカリに出品するユーザーは、押し入れの奥にしまい込まれたいらない物や使わなくなった物を探してみましょう。自分はいらないと思っていても、他のユーザーにとっては価値があるモノかもしれません。

押し入れの奥にお宝が眠っているかも

メルカリに出品する商品は、わざわざ仕入れる必要はありません。ずっと押入れの奥にしまってある引き出物の食器や干支の置物などは、意外と欲しい人がいるものです。商品の状態が良ければ、高い金額で売れることもあります。まずは、押し入れの中や物置など、不用品が置かれている場所を探してみましょう。

押し入れに眠っている
お土産物や置物など

子供のおもちゃなど使わなくなった物も商品になる

子供用のシャツやズボンって、いっぺんに着られなくなるので大量に出ますよね。おもちゃも子供が飽きてしまえばゴミになりがち…。そういったものは、みんなメルカリに出品してみましょう。子どもの衣類は必要な人がいますし、おもちゃだって安く買えた方がありがたいですよね。いらなくなったものは、すぐに捨てずに吟味してメルカリに出品しましょう。

いらなくなった物

無駄なものも他人にはお宝！

お菓子や飲料などについてくるおまけや、サービスに入会した際にもらえる記念品などは、マニアがコレクションとして集めているため、高値で取引されています。これらのアイテムは、希少価値が高いほど高値が付く傾向があるので、出品する前に相場を調べてから出品してみましょう。

オマケも商品になる

部品や付属品の正規品は高価だから人気

テレビやエアコンのリモコンは、メーカーから正規品を購入すると高い傾向にあります。メルカリでは、リモコンや電源ケーブル、USBケーブルなどの付属品・部品が数多く出品されています。エアコンやテレビなどを買い替える際に、リモコンや電源ケーブルなどを出品してみてはいかがでしょうか？

部品や付属品も商品になる

ブランドものは古くても人気商品！

中古品で人気があるのは、ブランド品や宝飾品です。これらは保存状態が良ければ、高値で売れる傾向にあります。また、商品に購入した当時の箱や包装袋が付いていれば、さらに価値が高くなります。なお、ブランド品や宝飾品を出品する場合は、保証書や鑑定書、シリアル番号など、本物であることを証明するものを撮影し明示する必要があります。

ブランド品や宝飾品は
古くても売れる

フリーマーケットなどで安く手に入れる

自宅に売るものがなくなったら、フリーマーケットやディスカウントストアなどで安く仕入れた商品を出品してみましょう。出品するための物を購入するため、ある程度のリスクはありますが、購入した金額より高く売れた場合は利益になります。

フリーマーケットなどで
出品するものを手に入れよう

限定品はプレミアム商品！

限定品や限定モデル、記念品などは、マニアがコレクションとして集めています。限定品を購入する機会があれば、買っておくといいでしょう。なお、これらの商品は、転売目的で購入することが禁じられているモノもあるため注意が必要です。

希少価値の高い限定品
記念品は高く売れる

後から価値が上がりそうなものを取っておく

大きな賞を受賞した本の初版本や希少性の高いレコード、人気の作品が掲載されているマンガ雑誌などは、後から価値が上がる可能性があります。このような商品は、将来メルカリに出品することも踏まえて保管しておいてもよいでしょう。

メモ

外箱や紙袋などが残っていると効果的

購入時についてくる外箱やビニール袋などを付けて出品すると、付加価値がついて高値が付く場合があります。外箱などを付けて出品すると、大切に扱ってきたことを伝えることにもなり好意的に受け取られます。外箱などが残っている場合は、商品と一緒に出品してみましょう。

後から価値が上がりそうな物

売れ筋商品を知っておこう

メルカリが運営するブログサイト「mercari column」には、メルカリでの売れ筋商品カテゴリー13種類が公表されています。それぞれの商品について、売るためのヒントやテクニックが記載されているので参考にしてみると良いでしょう。

・メルカリの売れ筋カテゴリー13選

売れ筋カテゴリ	ポイント
洋服・バッグなどの小物	季節感を考えて出品すると売れやすい
ベビー・キッズ用品	使用期間が短いため、きれいな商品は比較的高く売れる
日用品	安価な商品が多いが、安いからこそ売れやすい
生活雑貨・インテリア用品	新品は高いため、安価な商品が売れやすい
家電・オーディオ機器	多少のキズでも使えるものは売れやすい
コスメ・美容品	高級なデパートコスメは手ごろな価格だと売れやすい
健康グッズ・ダイエット用品	試したいが新品購入は躊躇している層が購入する
カメラ	商品の状態がわかりやすく、説明書などが付いていると売れやすい
スマホ・スマホアクセサリー	商品状態が良いものは、多少古くても高く売れる傾向
腕時計	人気のブランド、商品は多少古くても売れる傾向
本・参考書	旬のものは早く出品すれば売れやすい
おもちゃ・ぬいぐるみ・ゲーム	古い物でも状態が良ければ売れる
ハンドメイド	オーダーメード商品が人気

SECTION

Key Word 商品写真の撮り方

28 売れる写真の撮り方を覚えておこう

メルカリでは、商品写真の出来栄えが売上を左右するといっても過言ではありません。商品写真は、ちょっとした工夫できれいに撮ることができます。このSECTIONでは、商品写真をうまく撮るためのテクニックを解説します。

商品写真は720×720ピクセルの正方形

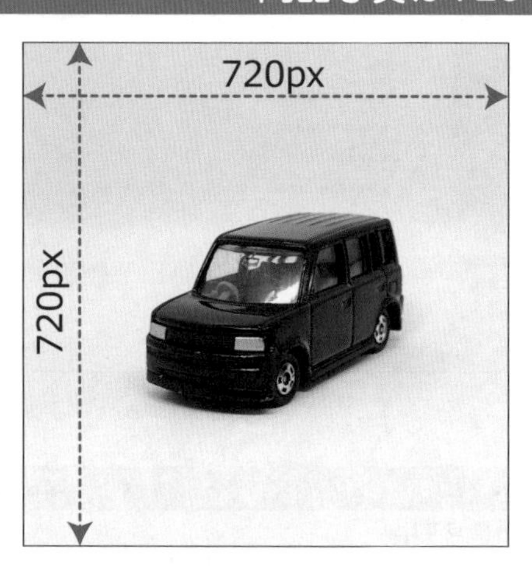

ヒント メルカリの商品写真は正方形

メルカリの商品写真の縦横比は「1:1」の正方形です。商品写真を撮影する際には、縦横比を［スクエア］または［1:1］に設定し撮影しましょう。また、商品写真に高画質は必要ありません。解像度は720×720ピクセルまたは640×640ピクセルで十分です。［メルカリ］アプリのカメラ機能を利用すると、自動的に適切な解像度の正方形の写真が撮影できます。

商品写真は［メルカリ］アプリで撮影できる

・［メルカリ］アプリのカメラ機能

ヒント 商品写真の撮影方法

［メルカリ］アプリの［出品］画面では、出品操作の中で商品写真を撮影する機能が用意されています。［メルカリ］アプリのカメラ機能を利用すると、解像度が720×720ピクセルで縦横比が「1:1」のメルカリ用商品写真を撮影できます。ただ、一連の操作の中で撮影するため、慣れないと落ち着いて撮影できないデメリットがあります。商品写真をじっくり撮影したいときは、使い慣れたカメラアプリで撮影し、解像度は画像加工アプリで変更すると良いでしょう。

写真ひとつで印象が大きく変わる

・印象が良くない写真

◀きれいに写っていない商品写真は、悪い印象を与えます

・印象が良い写真

◀背景がシンプルで出品物が際立っています

メモ 写真が印象を左右する

購入者にとって、商品を直接確認できるのは、商品写真だけです。そのため、写真の良し悪しが、商品への印象を左右するといっても過言ではありません。商品の写真は、できるだけ明るい所で、まっすぐに撮影しましょう。また、白い紙を敷くなどして、できるだけ背景はシンプルにした方を引き立てることができます。プロのような写真を撮る必要はありませんが、わかりやすく親切な写真を掲載した方が好印象になります。

ヒント カメラを固定して明るい所で撮影しよう

商品の撮影で、最も多い失敗は手ぶれです。手ぶれすると、商品がぼやけて写ってしまい、印象が良くありません。手ぶれしないためにも、カメラは三脚やいすなどに固定して撮影しましょう。また、フラッシュを点灯して撮影すると、商品が白っぽく映ったり、表面に反射したりしてわかりづらくなります。商品の写真は、明るい所で、フラッシュを使わず撮影しましょう。

わかりやすく親切な写真を心掛ける

・写真にオシャレ感や高級感は必要ない

▲雰囲気は伝わってきますが、商品の状態やサイズなどがよくわかりません

・出品物は大きくわかりやすく撮る

▲背景がシンプルな方が商品の状態や色などがよくわかります

メモ わかりやすく親切な写真を掲載しよう

メルカリで求められる商品写真は、購入者にどんな商品なのか正確に伝えることです。商品のサイズや色など、基本的なスペックはもちろん、傷や汚れの程度、使用感、稼働するかどうかなど、中古品ならではのリクエストにもこたえる必要があります。そのためには、よく見せるための演出は不要で、出品物を大きくわかりやすく撮ることが大切です。

印象が悪い写真の例

・背景にいろんな物が写りこんでいる写真

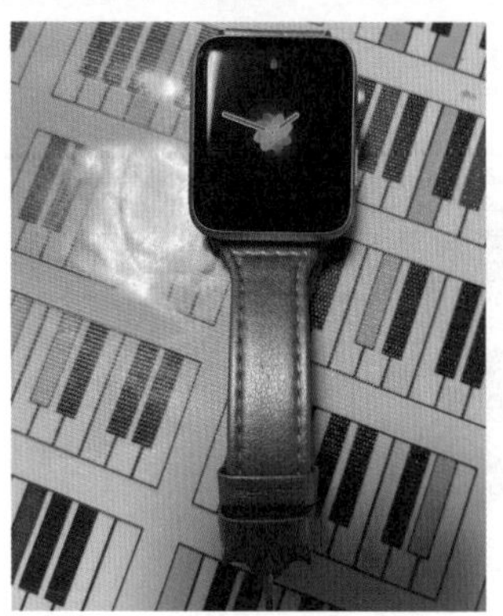

▲背景に多くのものが写りこんで、
雑な印象を与えます

ヒント

背景はシンプルに

写真の背景にいろんな物が写りこんでいると、雑な感じになってしまい、商品の印象を悪くしてしまいます。商品の写真を撮る場合は、白い壁の前で撮ったり、白い布や紙を敷いたりして撮影するとよいでしょう。

・暗い写真

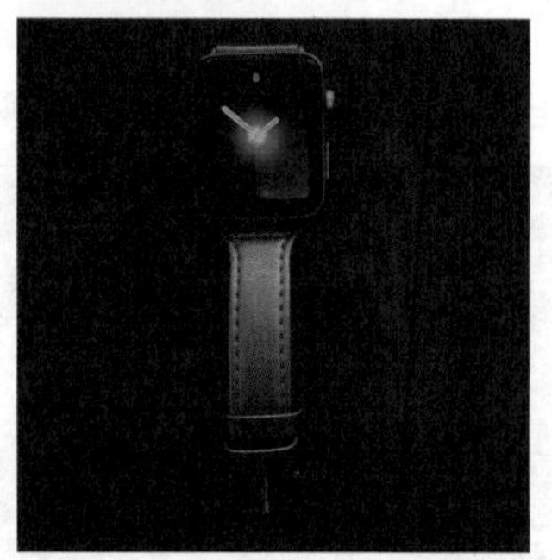

▲暗く写った写真は、わかりづらく、
印象に残りません

ヒント

明るい所で撮ろう

暗く写った写真は、構図が良くてもあまり良い印象を与えません。商品の写真は、明るい場所で撮影しましょう。また、夜の室内など、暗い場所で撮影する場合は、フラッシュを使わずに、シャッタースピードを遅くし、カメラを固定して撮影しましょう。なお、暗く写ってしまった写真も、画像処理ソフトを利用すると、明るく修整することができます。

・フラッシュの光が写りこんでいる写真

▲フラッシュや照明の光が写りこんで、
被写体を汚く見せてしまいます

チェック

フラッシュは使わないようにしよう

商品を明るく撮るためにフラッシュを点灯させると、商品が白っぽく映ったり、フラッシュの光が反射して写りこんだりします。そのため、商品の写真を撮る際には、フラッシュを使わないで、明るい場所で撮影しましょう。なお、暗い場所でフラッシュを点灯しないで撮影すると、シャッタースピードが遅くなるため、手ぶれしやすくなります。この場合は、三脚などを利用してカメラを固定しましょう。

・ゆがんだ写真

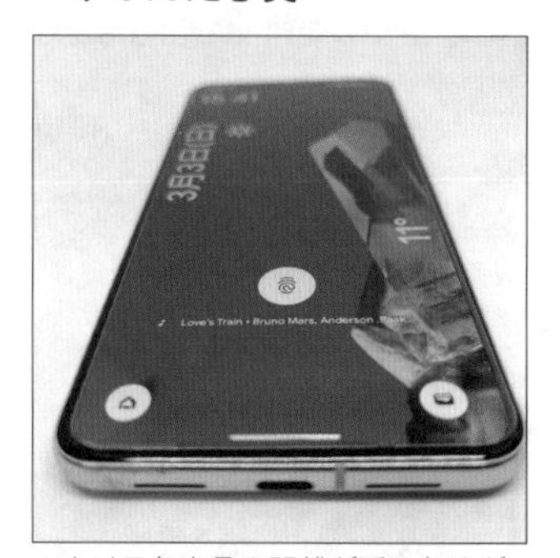

▲カメラと商品の距離が近いとゆが
んだ写真が撮れてしまいます

ヒント

少し離れたところから撮ろう

商品をはっきり写したいために、カメラを商品に近づけて撮影してしまいがちです。画面いっぱいに商品が写るように撮影すると、写真の四隅に近い部分がゆがんでしまいます。商品写真は、少し離れたところから全体が中央にくるように撮影し、後から切り出すと良いでしょう。

簡易スタジオを利用してみよう

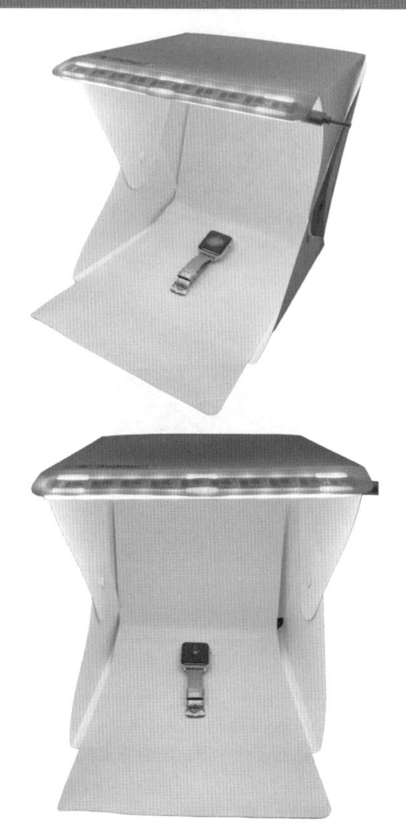

簡易スタジオを利用した撮影方法

フリマアプリの利用者が増えたことで、最近では100円均一ショップで商品写真撮影用の簡易スタジオが500円程度で販売されています。簡単な組み立て式で、USBケーブルを接続すると、LEDライトが点灯し商品に影を作らず撮影することができます。簡易撮影スタジオを使って、シンプルで分かりやすい商品写真を撮影してみましょう。

スマホのカメラで撮ろう

スマホのカメラ機能で充分

メルカリの商品写真を撮影するには、デジタル一眼レフのような高性能なデジタルカメラは必要ありません。むしろスマホの方が小さくさまざまな角度から撮影できて便利です。商品写真は、気軽に何度も撮影していいものを選びましょう。

さまざまな角度からの写真を用意しよう

▲さまざまな角度の写真があると商品の状態を正しく伝えられます

写真で商品の状態を伝えよう

メルカリでは、写真による第一印象がとても大切です。1番最初に目にする写真は、出品する商品の全体がわかるように斜めから撮影した写真が良いでしょう。メルカリでは、商品写真を20枚まで掲載することができます。正面や上、真横など、さまざまな角度から撮影した写真を掲載しておくと、商品の状態がよくわかります。また、サイズが分かるように、比較対象となるものを添えて撮影してみるとよいでしょう。

付属品は並べて撮ろう

・付属物は並べて撮影しよう

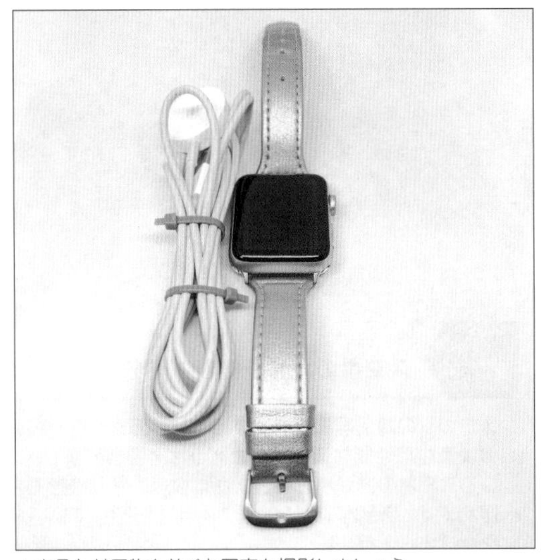

▲商品と付属物を並べた写真も撮影しましょう

メモ

付属物は明記する

付属品の有無は重要なポイントで、購入率を左右します。商品に付属するものは、すべて並べて撮影しましょう。また、本来ある付属品がない場合は、トラブルを避けるためにも、付属品がないことを明記しておきましょう。

傷や汚れを撮ろう

・傷や汚れの写真は必ず撮っておく

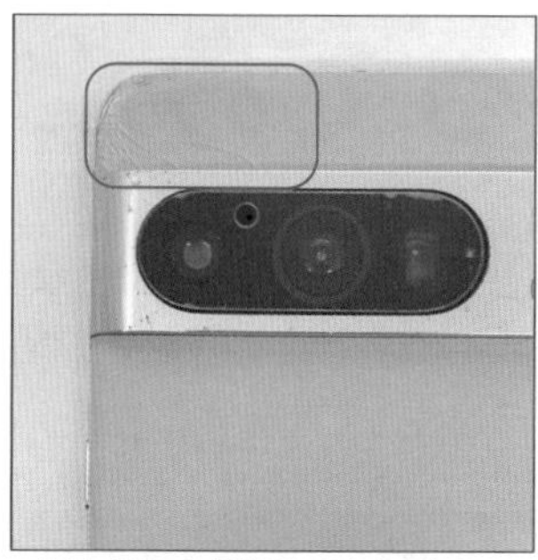
▲汚れや傷の状態は、隠すことなく写真に撮って公開しましょう

チェック

キズや汚れを公開することで信用してもらえる

商品に汚れやキズがある場合は、その程度を伝えるために写真を掲載しましょう。キズや汚れを隠したまま取引すると、トラブルのもとになる上、信用を失い評価に影響します。キズや汚れなどを公開することは、出品者としての責任であることはもちろん、出品者自身を守ることにもなります。

ブランドロゴや貴金属の刻印はアップで撮影しよう

・ブランドロゴや刻印をアップで撮ろう

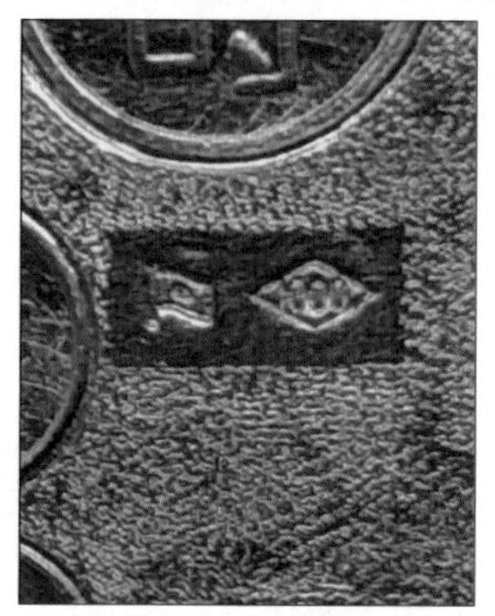
▲本物だと示すためにブランドロゴや貴金属の刻印の写真を掲載しましょう

ヒント

真贋を示すことが重要

メルカリでは、ブランドや貴金属などの偽物を出品する事は禁止されています。偽物としての出品も禁止されています。ブランドや貴金属など高額な商品を出品する際には、ロゴマークやレシート、シリアル番号など、本物を証明できるものをアップで撮影し掲載する必要があります。本物を証明できる写真がない場合は、出品が削除される場合もあります。

サイズが大切な商品はまっすぐ撮る

・斜めから撮影すると…

▲手前が大きくゆがんで正しくイメージできません

・正面から撮影すると

▲サイズや形が正しく伝わります

チェック

シャツやパンツはまっすぐ撮る

ファッションや靴など、サイズが重要な判断基準になりうる商品は、サイズが適切に伝わるように、正面からの写真を必ず掲載しましょう。斜めから撮影すると、手前が大きくなり、奥が小さく写ってしまいます。写真と現物のイメージにギャップがあると、気持ちよく取引できないこともあります。シャツやパンツは、ハンガーで壁にかけたり、床に置いたりして、まっすぐ撮るように心がけましょう。

SECTION

Key Word iPhoneで商品写真を撮る

29 iPhoneのカメラで商品写真を撮ってみよう

商品写真の撮影は、背景や光の反射、明るさなど気を付けなければならないことが多く、意外と手間がかかります。［メルカリ］アプリにも商品写真を撮影する機能が用意されていますが、まずは使い慣れたiPhoneのカメラを使って商品写真を撮ってみましょう。

フラッシュをオフにする

［カメラ］アプリを起動する

［ホーム］画面で［カメラ］のアイコンをタップし、カメラを起動します。

iPhoneのホーム画面を表示しています

2 フラッシュのアイコンをタップする

撮影画面の左上にあるフラッシュのアイコンをタップして、フラッシュの有効/無効を切り替えます。

ヒント 商品写真を撮る練習をしよう

［メルカリ］アプリには、出品操作の中で商品写真を撮影する機能が用意されています。しかし、一連の操作の中で行う撮影は、焦って落ち着いてできない人もいることでしょう。おいつも利用しているカメラアプリを使って商品写真の撮影を練習をしましょう。出品には既存の写真を選択して掲載することもできます。

フラッシュの設定が無効になった

フラッシュの設定がオフに設定されました。

チェック フラッシュをオフにしよう

商品を明るく撮るためにフラッシュを点灯させると、商品が白っぽく映ったり、フラッシュの光が反射して写りこんだりします。商品の表示や色が正しく写らない上に、あまり印象の良くない写真になります。商品の写真を撮る際には、フラッシュを使わないで、明るい場所で撮影しましょう。

露出を調節して撮影する

撮影メニューを表示する

［カメラ］の撮影画面を表示し、上部中央にある⌃をタップし、撮影メニューを表示します。

露出の調節画面を表示する

メニューで［露出］のアイコン◎をタップします。

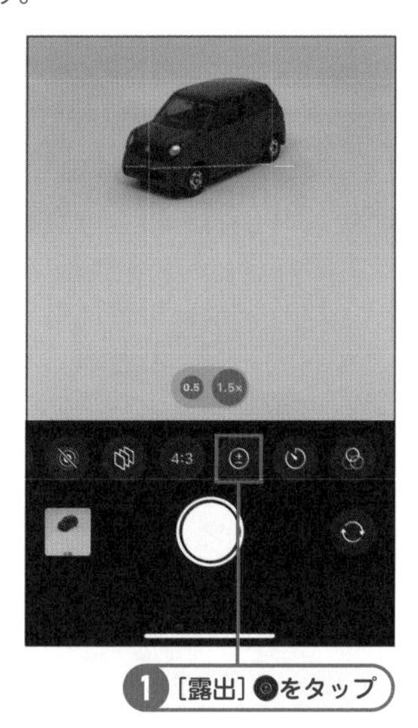

露出を調節する

露出の調節スライダーが表示されるので、明るくしたいときは左に向かってスワイプ、暗くしたいときは右に向かってスワイプして露出を調節します。

露出の調節が終了した

撮影メニューが閉じられます。シャッターボタンをタップして撮影します。

露出で明るさを調節しよう

白っぽい背景で商品を撮影すると、カメラが明るすぎると判断して、暗く調節してしまいます。この場合は、露出で明るさを補正しましょう。明るさを調節するには、撮影画面の上部中央にある⌃をタップし、表示されるメニューで［露出］◎をタップしてスライダーをスワイプし明るさを調節します。

写真の縦横比を変更する

メニューを表示する

［カメラ］の撮影画面を表示し、上部中央にある⌃をタップし、撮影メニューを表示します。

スマートフォンで撮影する際の注意点

商品写真は、極端に近づいて撮影すると傾きで極端にゆがんで写ってしまうことがあります。この場合、画面中央に商品全体が写る程度まで商品との距離を取って撮影し、後から写真を切り出しましょう。

縦横比の選択画面を表示する

メニューで［4:3］のアイコンをタップし、縦横比の設定画面を表示します。

縦横比を［1:1］に設定する

縦横比の選択メニューが表示されるので、［スクエア］を選択し縦横比を［1:1］に設定します。

撮影した写真を自動的に補正する

［調整］画面を表示する

［写真］アプリで目的の写真を表示し、［編集］をタップして、［調整］画面を表示します。

写真は加工しない

スマートフォンでは、写真加工アプリを利用すれば、簡単な操作で写真を加工したり修正したりできます。商品の写真をアプリで加工することは、商品の現状を伝えられないばかりでなく、購入者からの信用を得ることが難しくなるため、やめた方が良いでしょう。

メモ　写真を補正する

写真の明るさや色を自動補正するには、目的の写真を表示し［編集］をタップして、［調整］画面下部のメニューにある［自動］をタップし、スライダーをスワイプして効果のレベルを調節します。

2 自動補正を実行する

［自動］をタップし、スライダーを右また左にスワイプして効果のレベルを調節します。

写真の編集が終了し、変更が保存されます

［露出］と［明るさ］の違い

［写真］アプリの［調整］画面には、写真の明るさを調整する機能がいくつか用意されています。写真全体の明るさを調整したい場合は［明るさ］を利用します。暗い部分も明るい部分も一様に明るさを調節します。写真の光の量を調節したいときは［露出］を利用します。疑似的に取り込む光の量を調節するため、影の部分は明るくなりません。また、明るい部分の調整は［ハイライト］、暗い部分の調整は［シャドウ］、暗い部分を明るくするには［ブリリアンス］を利用します。

写真の明るさを調整する

［明るさ］のスライダーを表示する

目的の写真の［調整］画面を表示し、下部のメニューで［調整］をタップして、表氏されるメニューで［明るさ］のアイコンをタップします。

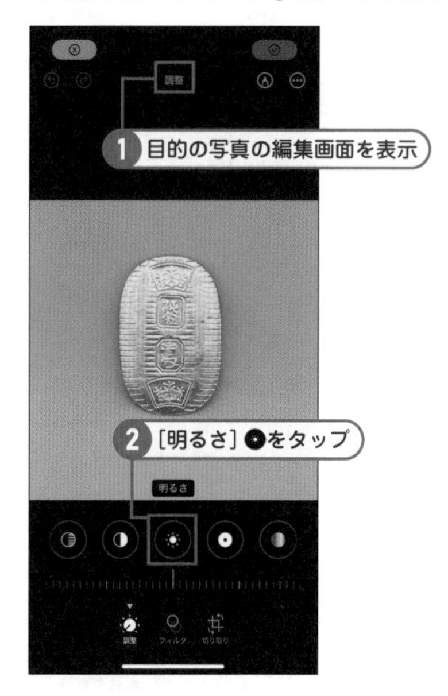

写真の明るさを調節する

［明るさ］のスライダーを右または左にスワイプして、写真の明るさを調整し、をタップして編集を終了します。

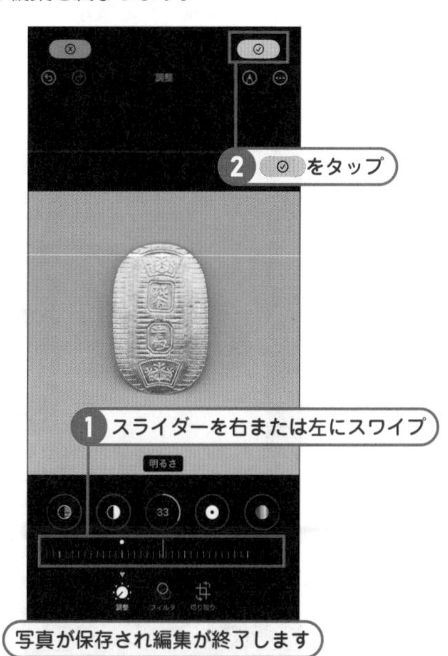

写真が保存され編集が終了します

写真をトリミングする

［調整］画面を表示する

［写真］アプリで目的の写真を表示し、［編集］をタップして［調整］画面を表示します。

写真をトリミングする

iPhoneの［写真］アプリでは、写真を切り抜いて構図を整えることができます。商品写真の無駄な部分を切り取り、構図を整えることで、良い印象を与えることができます。また、商品を切り抜くことで、より大きく見せることができ、現状を分かりやすく伝えられます。

トリミングの画面を表示する

下部のメニューで［切り取り］をタップし、トリミングの画面を表示します。

縦横比の設定画面を表示する

画面上部にあるをタップし、縦横比の選択メニューを表示します。

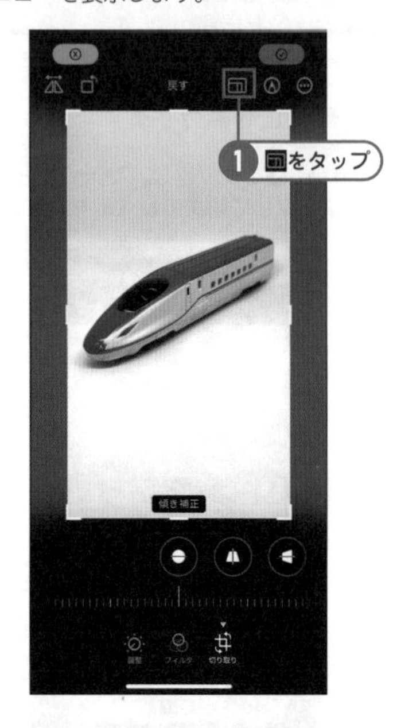

縦横比に［スクエア］を選択する

写真を正方形に切り取るために、メニューで［スクエア］をタップすると、切り取る範囲を示すボックスとその四隅にハンドルが表示されます。

切り取るサイズを指定する

ボックスの四隅のいずれかのハンドルをドラッグして切り取るサイズを指定します。

写真の配置を調整して切り取る

写真をドラッグして切り取る位置を調整し、⊘をタップして写真の切り取りを実行します。

写真が切り取られます

写真の傾きを調整する

写真の傾きを調整するには、[写真] アプリで目的の写真を表示し、[編集] をタップして [調整] 画面を表示し、[切り取り] をタップしてトリミング画面を表示します。[傾き補正] をタップするとスライダーが表示されるので、右または左にドラッグして傾きを調整します。傾きの調整が完了したら、⊘をタップして [編集] 画面を閉じます。

SECTION

Key Word Android スマホで商品写真を撮る

30 Androidスマホのカメラで商品写真を撮影しよう

商品写真は、最高の写真である必要はありませんが、わかりやすくアピールできる写真である必要はあります。商品にピントを合わせ、全体が入るように、可能な限り大きく見えるように撮りましょう。

フラッシュの設定を無効にする（Google Pixel 8 Pro）

[カメラ] アプリを起動する

[ホーム] 画面にある [カメラ] アプリのアイコンをタップして、[カメラ] アプリを起動します。

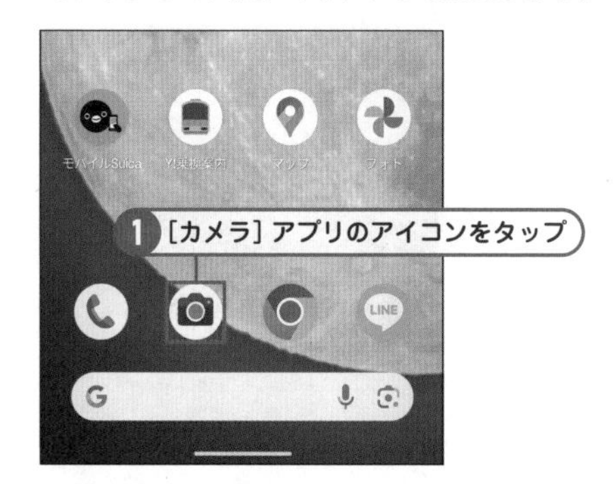

設定画面を表示する

画面左下にある⚙をタップして設定画面を表示します。

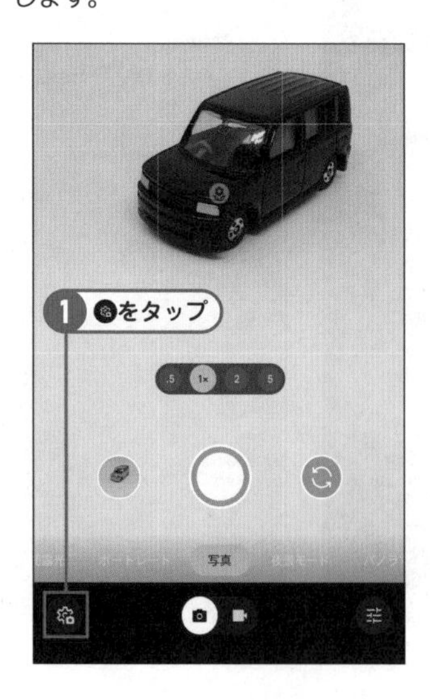

フラッシュをオフにする

[光量の調節] で [なし] ⊘をタップして、フラッシュをオフにします。

ヒント

フラッシュをオフにしよう

商品を明るく撮るためにフラッシュを点灯させると、商品が白っぽく映ったり、フラッシュの光が反射して写りこんだりします。商品の表示や色が正しく写らない上に、あまり印象の良くない写真になります。商品の写真を撮る際には、フラッシュを使わないで、明るい場所で撮影しましょう。

露出を調節する

補正ツールバーを表示する

画面右下にあるをタップして補正ツールバーを表示します。

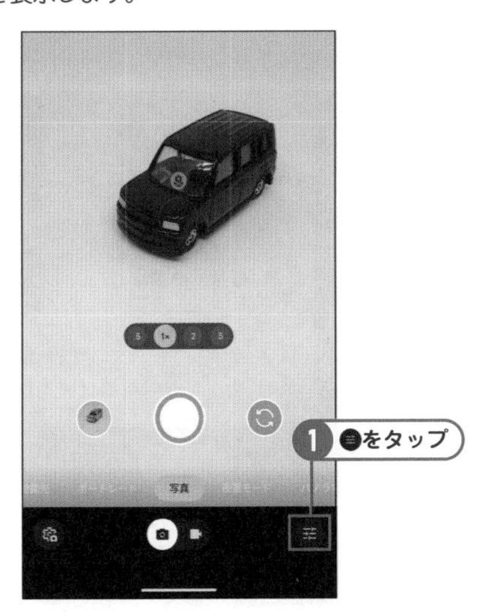

明るさを調節する

［明るさ］をタップし、適切な明るさになるまでスライダーをドラッグして調節します。調節が終了したらメニューを下にドラッグして非表示にします。

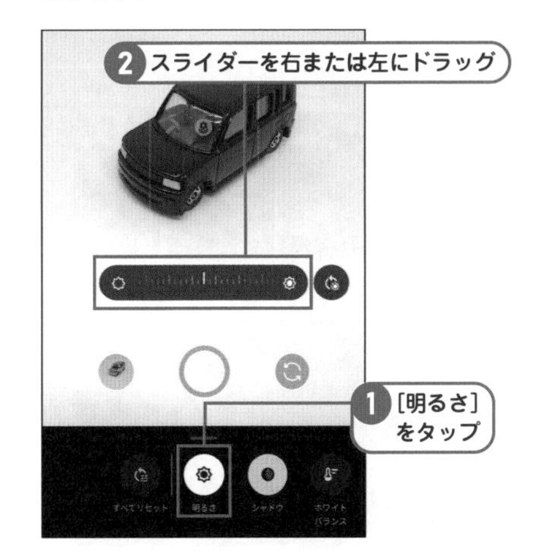

ヒント

露出を手動で調節する

シャッタースピードと絞りで明るさを手動で微調整することを「露出補正」といいます。Pixel 8 Proでは、右下のをタップし、補正ツールバーを表示し、［明るさ］をタップすると表示されるスライダーを右または左にドラッグして露出を調節します。

写真の縦横比を変更する

設定画面を表示する

画面左下にあるをタップして設定画面を表示します。

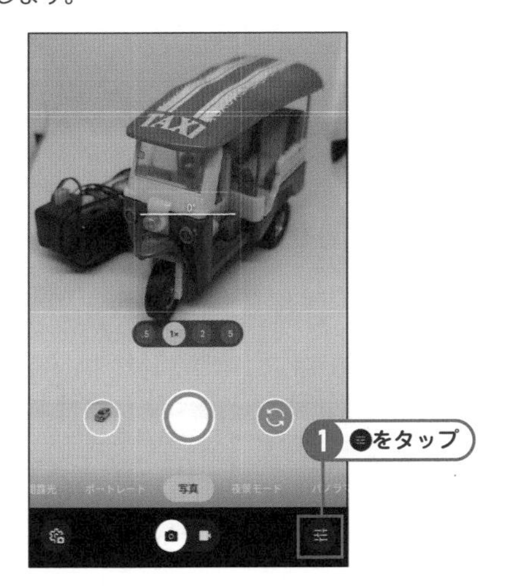

縦横比を［4:3］に切り替える

［比率］にある［画像全体（4:3）］をタップして、縦横比を4:3に切り替えます。

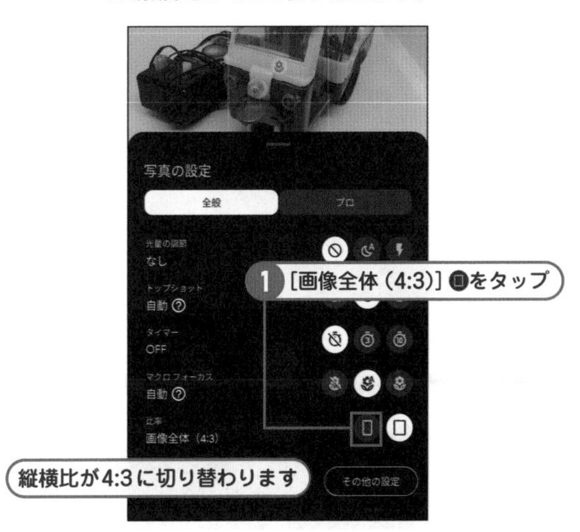

写真の色や明るさをかんたんな操作で補正する

写真を選択する

[Googleフォト] アプリを起動し、目的の写真をタップします。

背景が白い写真は暗くなりやすい

商品を目立たせようとして白い背景で撮影すると、カメラのセンサーが明るすぎると判断し、暗い写真になってしまいます。この場合は、露出を上げて明るくしましょう。それでも暗く撮れた場合は、アプリを使って明るく補正します。

編集画面を表示する

[編集] をタップして写真の編集画面を表示します。

自動補正効果を適用する

[候補] をタップすると表示されるメニューで、[補正] をタップし自動補正を適用します。[コピーを保存] をタップし、この画像をコピーとして保存します。

写真が保存された

写真が保存されました。

写真をかんたんな操作で補正する

[編集] の [候補] 画面 (手順3の図参照) には、選択するだけでイメージに合った色や明るさを補正できるメニューが用意されています。[補正] は、目で見たイメージに近づけるように、色や明るさを補正します。[ダイナミック] では、コントラストと色を強くして、被写体を強調します。[ウォーム] では、彩度を上げて写真にあたたかみを加えます。[クール] では、彩度を落とし青さを強くして、さわやかなイメージに仕上げます。

写真の明るさを調節する

編集画面を表示する

［Googleフォト］アプリで目的の写真を表示し、［編集］をタップして編集画面を表示します。

［明るさ］のスライダーを表示する

最下部のメニューを左にスワイプし、［調整］をタップして、［明るさ］をタップします。

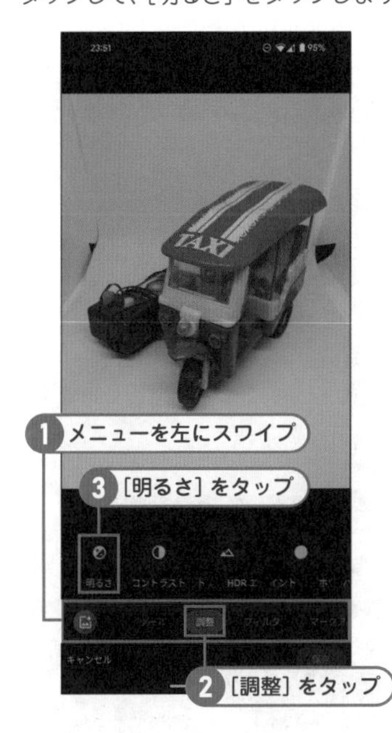

明るさを調節する

［明るさ］のスライダーを右または左にドラッグして、写真の明るさを調節します。明るさの調節が終わったら、［完了］をタップします。

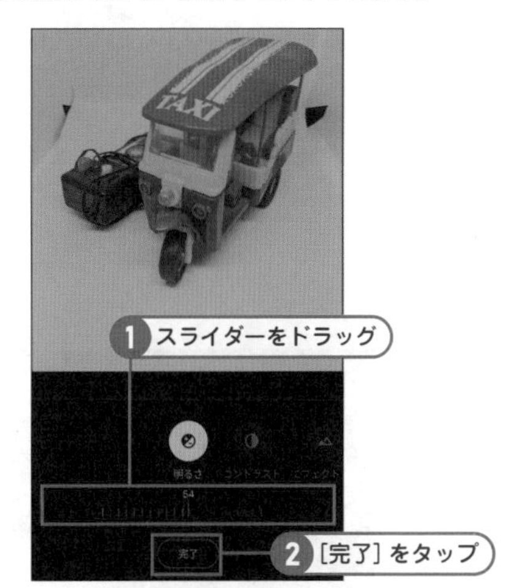

コントラストを調節する

［コントラスト］をタップし、スライダーをドラッグしてコントラストを調節します。調節が終わったら［完了］をタップします。

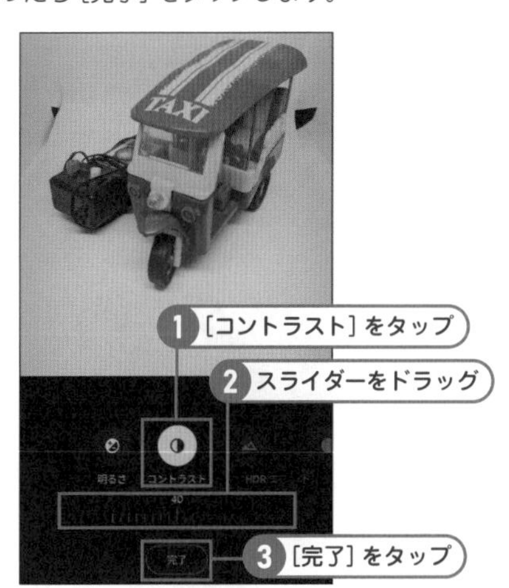

メモ

コントラストを調節する

「コントラスト」とは、白と黒など色のギャップのことで、コントラストを大きくすると色のギャップが高くなり、写真にメリハリをつけられます。写真が何となくぼやっとしている場合には、コントラストを高くしてみましょう。

5 画像をコピーとして保存する

［コピーを保存］をタップして、この画像をコピーとして保存します。

6 写真が保存された

写真が保存されました。

写真をトリミングする

1 編集画面を表示する

目的の写真を表示し、［編集］をタップして編集画面を表示します。

2 縦横比の選択画面を表示する

下部のメニューで［切り抜き］をタップし、をタップして、切り取る範囲の縦横比を選択する画面を表示します。

写真がトリミングされた

切り取る範囲の縦横比を設定する画面が表示されるので、［正方形］をタップします。

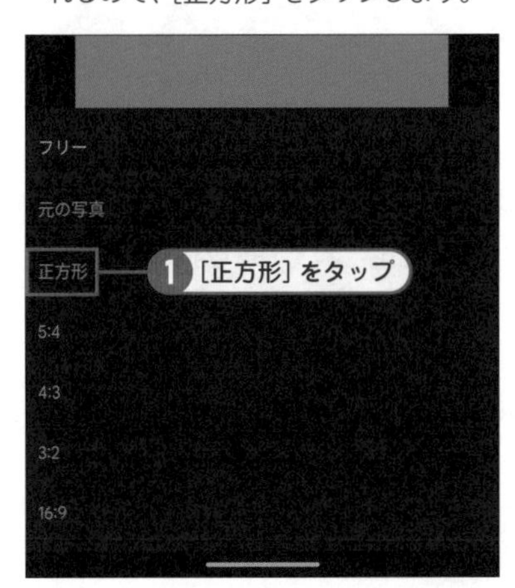

切り抜く範囲を調節する

正方形の範囲が表示されるので、四隅に表示されるハンドルを任意のサイズになるまでドラッグします。

写真の配置を調節する

切り取る範囲に商品が収まるように写真をドラッグして配置を調節し、［保存］をタップします。

写真を保存する

表示される保存メニューで［保存］をタップし、追加された変更を上書き保存します。

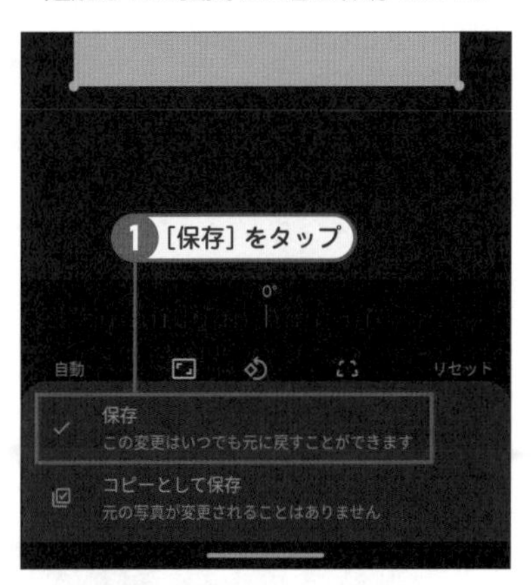

写真が上書き保存されました

SECTION 31 Key Word 商品タイトルの付け方

商品のタイトルを考えよう

メルカリで商品を検索する場合、手掛かりとなるのは商品写真とタイトルです。商品のタイトルは、40文字という制限の中で、伝えたいことをどれくらい盛り込めるかがポイントです。伝えたいことに優先順位を決めて、目を引くタイトルをつけてみましょう。

写真で目を引きタイトルで確認する

ユーザーは、検索結果で商品写真を確認し、気になる商品をタップしてタイトルで商品の内容を確認します。メルカリの商品タイトルは、40文字までとの制限があります。半角と全角の区別はなく、半角で入力しても1文字としてカウントされます。1行目は全角で22文字表示できるため、商品のタイトルは、ひと目でそれがどんな商品なのかわかるように、1行目に重要なワードを半角スペースでつないで並べて作成します。センテンスになっている必要はありません。

◀商品タイトルはキーワードを半角スペースでつないで作成します

商品の特性を把握しよう

商品タイトルは、カテゴリーによってタイトルに記載した方が良い情報が異なってきます。シャツや靴など、ファッション関係の商品は、サイズ情報は必須となります。また、パソコンでは、インストールされているWindowsのバージョンやMicrosoft Officeの有無などを記載しておくと、アクセス率が大きく上がります。このように、商品の特性を把握して、必要な情報は何か考えてみましょう。

検索にどのキーワードを使うか考えよう

商品を検索する場合、カテゴリーによって検索キーワードの傾向が異なります。例えば、ブランド物のバッグを探している場合、ブランド名に続けて商品名をキーワードに検索するでしょう。しかし、書籍や音楽CDなどでは、著者名やアーティスト名とタイトルで検索するでしょう。このように「検索キーワード＝ニーズ」と考えた場合、商品のタイトルにどのキーワードを入れれば効果的か、ある程度絞り込むことができます。ただし、商品タイトルに商品とは関係のないキーワードを紛れ込ませることは禁止されています。

キーワードに優先順位をつけよう

検索キーワードはできるだけ具体的なものを思い浮かべて、メモに書き出してみましょう。例えば、「ブランド名、商品名、サイズ、色、商品状態、使用年数」など、40文字以内に簡潔に盛り込めるキーワードをリストアップします。そして、優先順位をつけて並べてみましょう。タイトルの先頭に近いほど印象に残りやすいことを考慮して、効果的に商品の特徴を伝えられる順番でキーワードを並べてみましょう。また、［新品同様］や［送料無料］といった”お得感”を演出できるキーワードも追加してみましょう。

商品タイトル例

・【新品】トミカ No.16 シエンタ 初回限定カラー

・MacBook Pro 13 inch 2019年 Corei7 16GB 500G

・商品に関するキーワード

項目	例
メーカー名	SONY/東芝/Apple/
カテゴリ名	ショルダーバッグ/ワンピース
ブランド名	LOUISVUITTON/PRADA/CHANEL
商品名	iPhone14/Pixel8Pro/
カラー	イエロー/シルバー/ブラック
サイズ	50型/S・M・L/26.5cm/単行本
発売年	2022年製
素材	本革/ナイロン/綿100%
著者名・アーティスト名	芥川龍之介/BennieK
バージョン名	Windows11/第1世代/〇〇仕様

・使用状況・環境に関するキーワード

項目	例
使用環境	喫煙環境/ペット環境
商品状態	未開封/新品/ジャンク
使用年数	10年
付属品	付属品あり/おまけ

SECTION

Key Word 商品説明の書き方

32 商品の説明文を考えよう

商品説明では、商品の紹介や状態、注意事項など詳細な情報を記載します。ユーザーが読みやすいように簡潔に、過不足なく記載します。また、気持ちよく取引するためにも、キズや汚れ、使用環境など。出品者に不利な情報も正しく記載しましょう。

商品説明のポイント

商品説明を書き始める前に、「この商品を販売する」という目的を今一度確認しましょう。商品を売るために何が必要か、どのようにアピールすれば効果的か、そういうことを考えれば、意外とすんなり書き始めることができます。商品説明のポイントは、①商品の情報、②商品の状態、③使用方法・使用環境の3点です。商品の情報には、ブランド名、商品名、サイズ、色などのスペックを記載します。商品の状態では、不具合や傷や汚れ、付属品の有無など、商品の現状について詳しく触れる必要があります。また、ペット環境、喫煙環境での使用など、使用期間や使用環境で特筆すべき点があれば記載します。

①商品情報

- メーカー名
- ブランド名
- 商品名（商品名と商品番号）
- バージョン情報：世代番号やバージョンなど
- カラー
- サイズ
- 発売年月日

Apple 社
品名：Apple Watch Series 2
モデル：GPS モデル
サイズアルミニウム 42mm
色：ローズゴールド

②商品の状態

- 稼働を含めた不具合・不備
- 付属品の有無 / 不足品
- 汚れ・傷の個所と程度
- 修復履歴

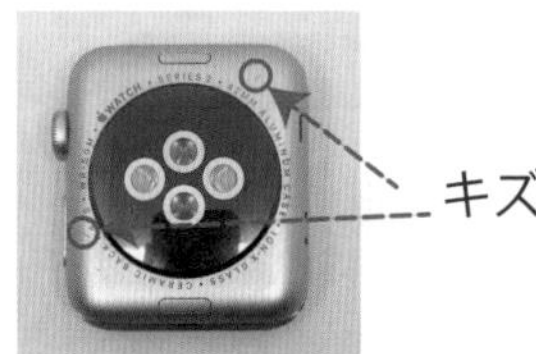

③使用期間・使用環境

- 使用期間
- ペット環境
- 喫煙環境
- 主な使用者（使い方）

商品の基本情報を簡潔に

商品に関する詳細な情報は、商品情報画面で最も重要な情報です。一般的に販売されている商品の場合は、ブランド名、商品名、品番、サイズ、色など、メーカーの製品情報サイトで確認できるような内容は、箇条書きにしてひと目でわかるように記載しましょう。期間限定商品や製造ミスのある希少な商品など特別な商品の場合は、その理由や内容を簡潔に書きましょう。

・ブランド名/商品名/品番

ブランド名と商品名は、検索キーワードの第一候補に挙がるため、調べてでも記載しましょう。ブランド名に加えてシリーズ名やバージョン名を記載しておくと、検索しやすく親切です。また、「iPad」や「Apple Watch」のように、商品名にバージョン名の記載がないものがあります。そのような場合は、商品番号や「第5世代」といったバージョン番号を追記しておきましょう。

・iPadのモデル番号識別ページ

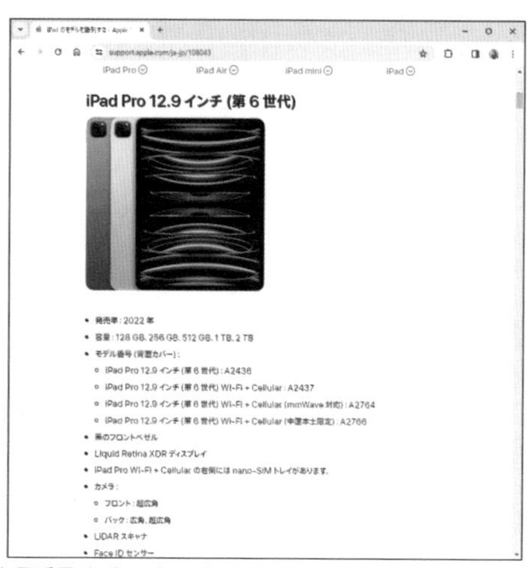

▲商品番号やバージョンは商品のサイトで調べておきましょう

・サイズ

ファッション商品は、サイズを必ず明記しましょう。サイズがインチ表記やS/M/L表記の場合は、メーカーのサイズ換算表などを使ってセンチ表記を調べて併記しておくと親切です。機械やおもちゃなど、組み立てることでサイズが変わるものは、組み立て前と後のサイズを記載しておくとよいでしょう。

・NIKEのメンズフットウェアのサイズ表

▲ファッションメーカーのWebサイトでは、サイズの
詳細を掲載したページが用意されています

・スペック

パソコンやスマートフォン、タブレットなどでは、モデルやシリーズ、バージョンによって大きく機能に差があります。CPUやメモリ、SSD、HDDなどの数値は明記しておいた方が良いでしょう。また、OSのバージョンやMicrosoft Officeのインストールの有無といった情報も販売を左右する情報です。パソコンやパソコン周辺機器、スマートフォン、タブレット、家電などを出品する際には、メーカーが製品のWebページで公表しているスペック表を確認しましょう。

・VAIO F14のスペック表

▲商品の詳細はスペック表で確認しましょう

・付属物

パソコンや家電製品などでは、電源ケーブルやリモコンが付属していますが、そういった付属物がそろっているかどうかを明示しましょう。ブランド品などは購入時に付属していた外装箱や収納袋、説明書などがあれば、購入に繋がりやすくなります。付属品は可能な限り揃えて出品した方が有利です。また、付属物が欠品している場合も、必ず欠品している旨を明記しましょう。

▲ 付属品については、写真を掲載しテキストで説明しましょう

商品の状態は詳しく説明しよう

メルカリでは、中古品も取り扱うため、商品の現在の状態についての情報が最も重要になります。新品なのか中古品なのか、正常に稼働するのか、稼働せず部品取り用商品なのか、キズや汚れの程度と位置など、商品の状態を写真とテキストでできる限り詳しく説明しましょう。商品の現在の状態について詳しく記載することは、クレームやトラブルを防ぐことになります。

・未開封品、未使用品、中古品

中古品でも、その程度を明記しておけば、商品購入の可能性が上がります。ずっと保管していたけれども、箱から出したことがない商品は「未開封品」、箱から出したけれども使用したことがない「未使用品」など、呼び方を変えるだけで購入者の印象を変えることができます。

未開封品

▲未開封品は内容物の詳細を明記する必要があります

・ジャンク品

「ジャンク品」とは、壊れたり、傷や汚れがひどかったりして本来の商品価値が損なわれた商品のことです。商品を本来の使い方をすることは難しくても、修理用に部品を取り外して活用できることから、意外と売れます。また、希少性の高い商品であれば、壊れていてもコレクターアイテムとして購入されることがあります。壊れていたり、大きな傷や汚れがあったりするような商品でも、ジャンク品として出品してみましょう。

ジャンク品

◀ジャンク品は、ジャンク品にする理由や原因を明記しましょう

・動作確認

家電製品やカメラ、スマホ、パソコン、機械などを出品する場合は、必ず動作確認の結果を記載しましょう。動作確認ができていれば、安心して入札できます。なお、動作確認ができていない場合は、その旨を明記しておく必要があります。

・キズ・汚れの程度、位置

商品にキズや汚れがある場合は、その部分をアップで撮影した写真を掲載し、傷や汚れの程度とどんなキズ・汚れなのかを説明しましょう。キズや汚れを明確に説明することは、取引のトラブルを防ぐだけでなく、出品者として信頼を得ることができます。

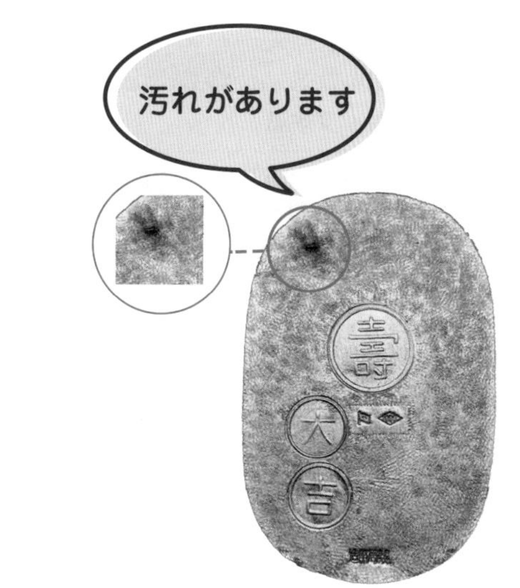

・使用期間、使用頻度、使用環境

使用期間とその使用頻度を記載しておくと、具体的に使用感をイメージできて親切です。また、喫煙環境やペット飼育環境で使用していた場合は、商品の臭いや色に影響することがあるため、明記しておいた方が良いでしょう。

商品説明で禁止されていること

商品説明は、商品について正しい情報が記載されていなければなりません。偽りのある商品説明や正しくないブランドやカテゴリーを設定することは禁じられています。同様に、「ディズニー風」や「鬼滅の刃風」など商品名や商品説明に権利者に許可なくブランドやキャラクター名を使って「〇〇風」、「〇〇調」と記載することも禁じられています。

また、販売を目的としない出品も禁じられているため、商品名や商品説明に「売り切れ」や「購入できません」といった記載もできません。出品を装ってオンラインストアへの誘導も禁じられています。

33 さっそく出品してみよう

売りたい物が見つかったら、早速メルカリに出品してみましょう。メルカリに出品するには、下部のメニューで［出品］をタップすると表示される画面から行います。［出品］画面では、下書き保存ができるので、準備ができている箇所から進められます。

商品情報を入力しよう

［出品］をタップする

下部のメニューで［出品］をタップし、表示される画面の右下にある［出品］をタップします。

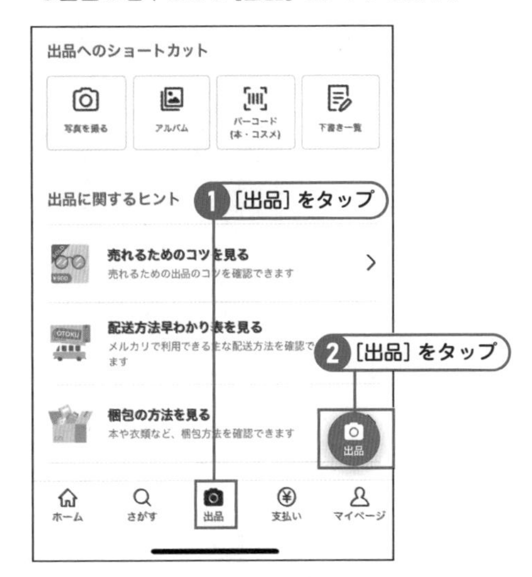

［商品の情報を入力］画面を表示する

［閉じる］をタップして、画面を閉じます。

商品のタイトルを入力する

［商品名］のテキストボックスをタップし、商品のタイトルを入力します。

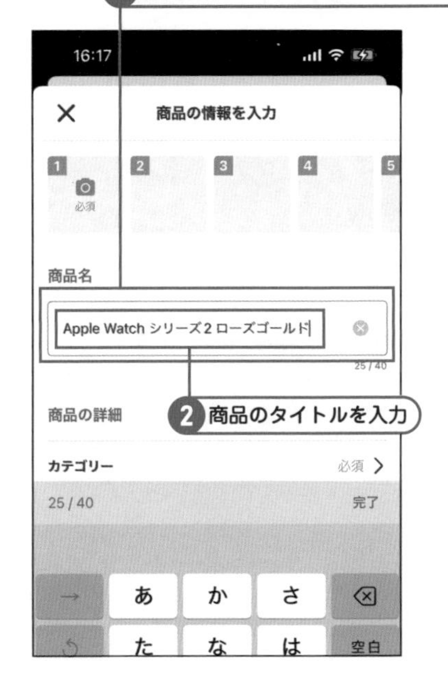

ヒント 商品情報は下書き保存できる

［出品］画面では、商品情報の登録から商品写真の撮影・編集、出品まで一連の操作で行えます。しかし、初心者や頻繁に出品しないユーザーは、手間がかかって疲れてしまうでしょう。そんなときは、画面の最下部を表示して、［下書きに保存する］をタップし、現在の状態で保存しておきましょう。

カテゴリーの選択画面を表示する

［カテゴリー］をタップし、カテゴリーの選択画面を表示します。

カテゴリーを設定する

目的のカテゴリーを選択します。ここでは［スマホ・タブレット・パソコン］→［スマートウォッチ・ウェアラブル］→［Apple Watch本体］を選択しています。

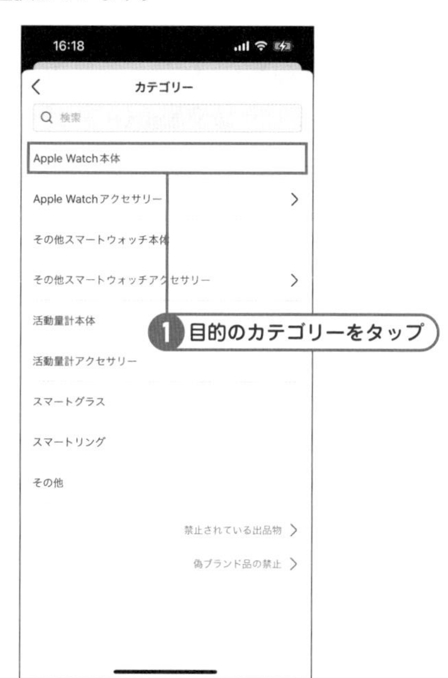

ブランドの選択画面を表示する

［ブランド］をタップして、ブランドの設定画面を表示します。

ブランドを設定する

上部にあるテキストボックスをタップし、目的のブランド名を入力すると、目的のブランド名が検出されるのでタップします。

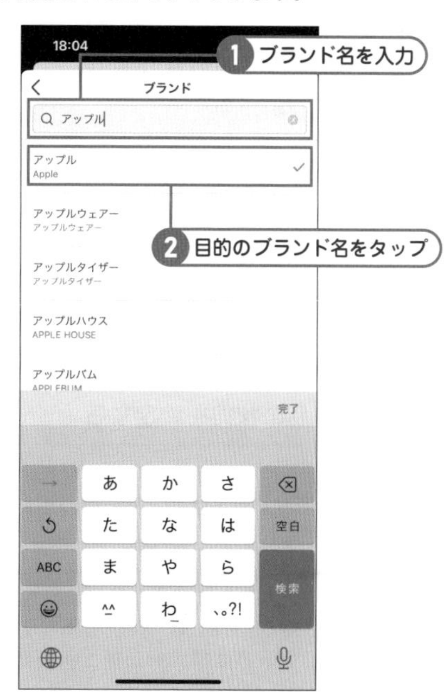

商品の状態の設定画面を表示する

［商品の状態］をタップして、商品の状態の設定画面を表示します。

商品の状態を設定する

該当する商品の状態をタップします。

商品の状態を設定する

［商品の状態］は、商品を見る人の主観によるところが大きい項目です。出品者が［未使用に近い］と思っても、購入者が細かいすり傷が気になれば、［やや傷や汚れあり］という判断をするでしょう。そのズレが大きい場合には、トラブルに発展しかねません。この場合、商品説明に「中古品のため、表面に細かいすり傷があります。気になる方は購入をお控えください」と一言書いておくと良いでしょう。

テキストボックスをタップする

［商品の説明］のテキストボックスをタップします。

商品説明を入力する

商品説明を入力します。必要な情報が入力されているか確認しましょう。［配送料の負担］をタップします。

配送料の負担者を選択する

配送料の負担者を選択します。ここでは、[送料込み（出品者負担）] を選択します。

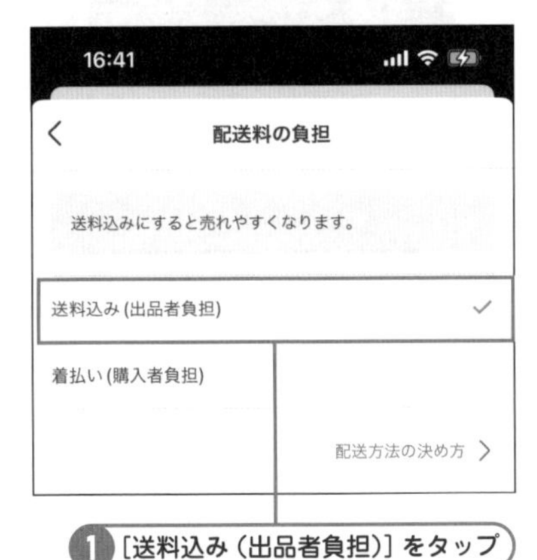

メルカリでは基本的に「出品者負担」

メルカリでは、配送料の負担は出品者が負うという文化があり、配送料を商品価格に含めるのが前提となっています。商品のサイズと重さが大きい場合は、「購入者負担」を選択しますが、この場合は「着払い」となることを購入者に説明しましょう。

13 配送方法の設定画面を表示する

[配送の方法] をタップし、配送方法の選択画面を表示します。

16:41
商品の情報を入力
配送について
配送料の負担 送料込み (出品者負担)
配送の方法 必須
発送元の地域 必須
発送までの日数 2~3日で発送
1~2日発送で早く売れます！
1 [配送の方法] をタップ

14 配送方法を選択する

目的の配送方法をタップします。ここでは、[ネコポス] をタップします。

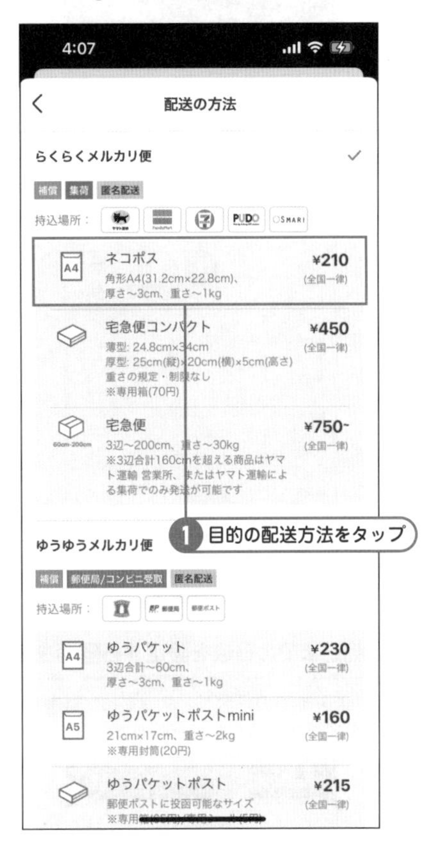

発送元の地域の選択画面を表示する

[発送元の地域] をタップし、発送元の都道府県の選択画面を表示します。

発送元となる都道府県を指定する

発送元となる都道府県をタップします。

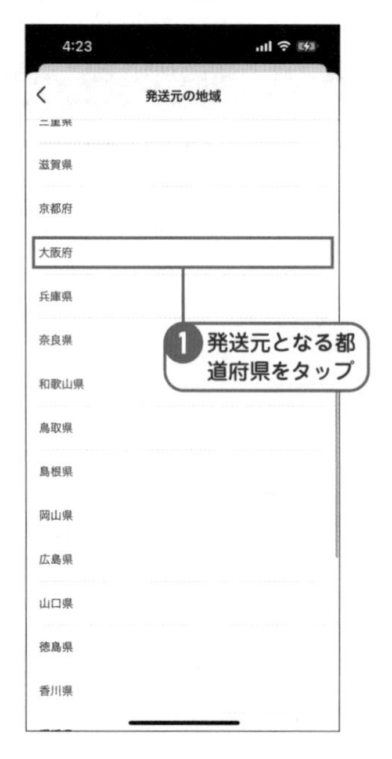

発送までの日数を設定する画面を表示する

[発送までの日数]をタップし、発送までの日数を選択する画面を表示します。

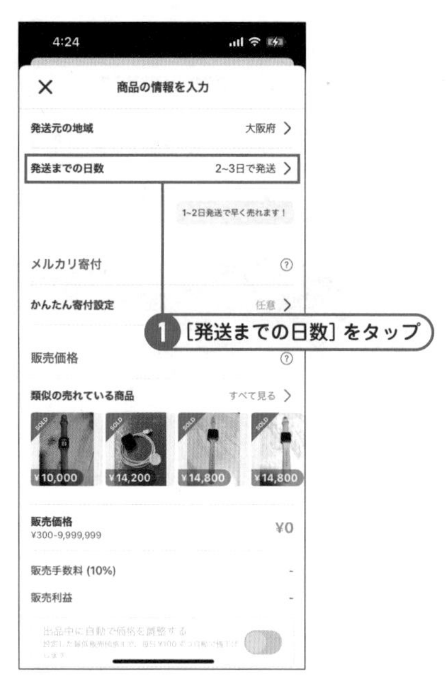

発送までの日数を設定する

目的の発送までの日数をタップします。

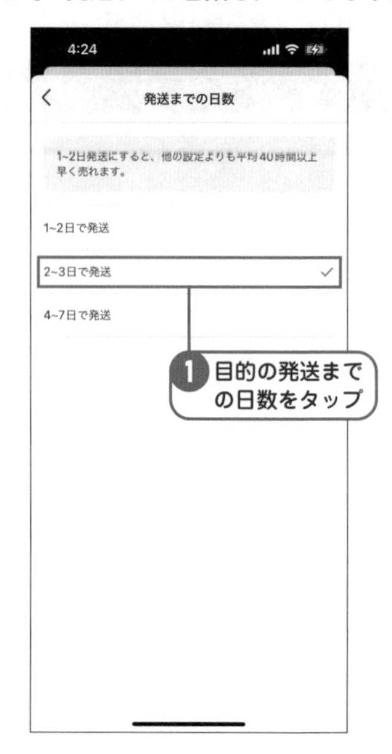

ヒント かんたん寄付設定とは？

「かんたん寄付設定」は、販売利益から指定した割合の金額を寄付できる機能です。寄付の割合は、5%、10%、50%、100%の4段階から選ぶことができます。また、寄付先も次の図の[寄付先]をタップすると表示される画面で、難民支援機関や災害復興支援特別基金、国境なき医師団などから選択することができます。

販売利益から寄付して復興や難民救済に役立ててみましょう

販売価格を入力する

［販売価格］に商品代金を入力します。自動的に［販売手数料］と［販売利益］が計算され金額が表示されます。

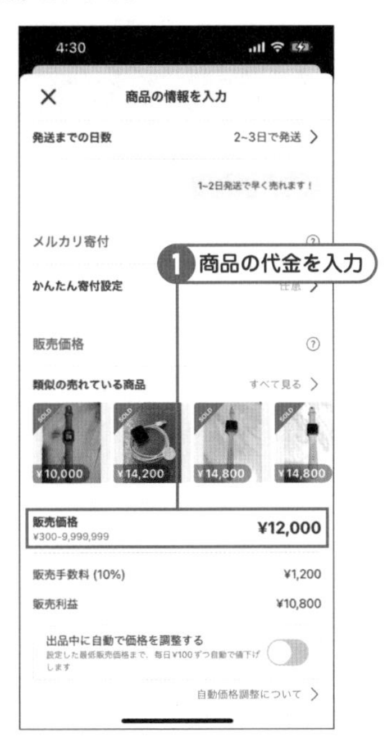

情報を保存する

［下書きに保存する］をタップし、登録した商品情報を保存します。

メモ 自動価格調整機能を利用してみよう

商品がなかなか売れない場合は、「自動価格調整機能」を利用してみましょう。手順19の図で、［出品中に自動で価格を調整する］をオンにすると、指定した最低販売金額に達するまで毎日自動的に100円ずつ値下げします。なお、自動価格調整機能は、出品中の商品を編集して設定することもできます。

チェック 出品者が得するクーポンが用意されている

手順20の図にある［クーポン］では、販売手数料が割引になるなど、出品者が得するクーポンが用意されています。利用条件やポイントの上限などが設定されているため、利用する前には各クーポンに表示されている［使用条件を見る］をタップし、その内容を確認しましょう。

▲各クーポンの［使用条件を見る］をタップするとクーポンの内容と使用条件が記載された画面が表示されます

商品写真を登録しよう

下書き一覧を表示する

下部のメニューで［出品］をタップし、［下書き一覧］をタップします。

商品情報の編集画面を表示する

目的の下書きをタップし、商品情報の編集画面を表示します。

ヒント 出品はスマホを見たくなる時間に

商品が売れるためには、できるだけ多くの人の目に触れることです。メルカリでは、新着商品ほど上位に表示されます。つまり、スマホを見る人が一番多い時間帯に出品することで、多くの人の目に留まる可能性があります。スマホを見る人が一番多い時間帯は、20〜23時といわれています。

カメラ機能を起動する

上部に表示されているカメラのアイコンをタップし、アプリのカメラ機能を起動します。

商品写真を撮る

下部で［カメラ］をタップし、シャッターボタンをタップして商品写真を撮影します。

撮影を終了する

商品写真の撮影が完了したら右上の［完了］をタップします。

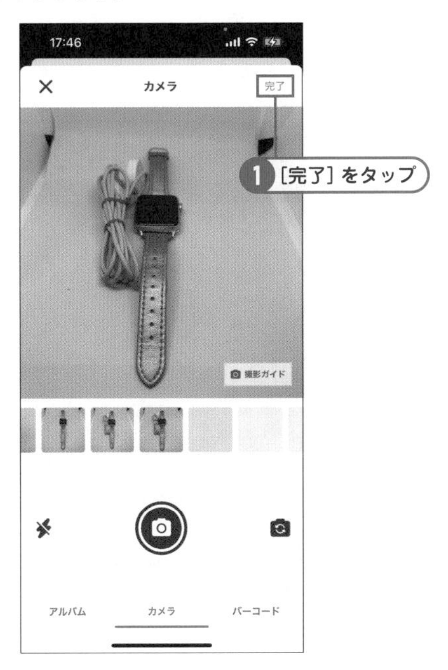

商品写真を編集する

写真の編集画面を表示する

商品写真をタップして、編集画面を表示します。

不要な写真を削除する

不要な写真をタップし、下部に表示されている［削除］をタップします。

写真の削除を実行する

［削除する］をタップして、写真を削除します。

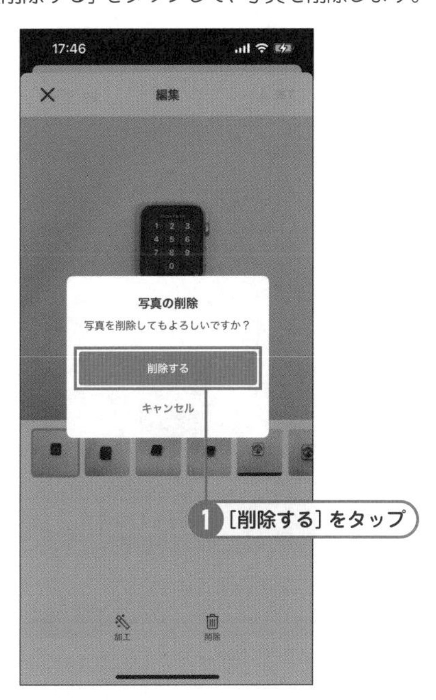

[加工] をタップする

写真が削除されました。目的の写真をタップし、下部で [加工] をタップします。

[変形] 画面を表示する

[変形] をタップし、写真をトリミングしたり、角度を補正したりできる画面を表示します。

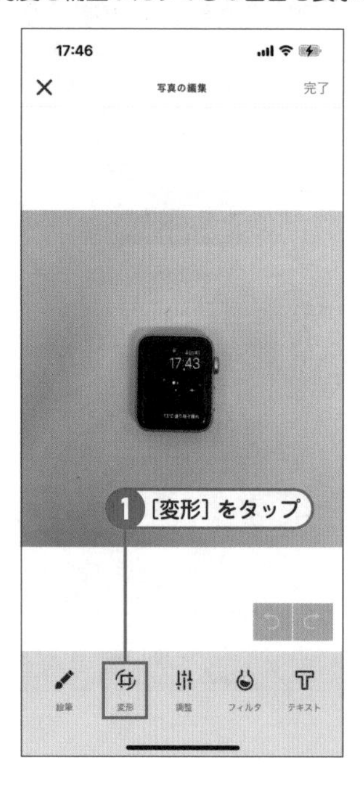

写真を切り抜くサイズを指定する

下部で [正方形] をタップし、表示される白い枠の四隅に表示されているハンドルを目的のサイズになるまでドラッグします。

写真の切り抜く位置を指定する

商品が枠の真ん中にくるように、写真をドラッグします。

8 写真の角度を補正する

写真の下に表示されているスライダーを右または左にスワイプし、商品の角度を補正します。

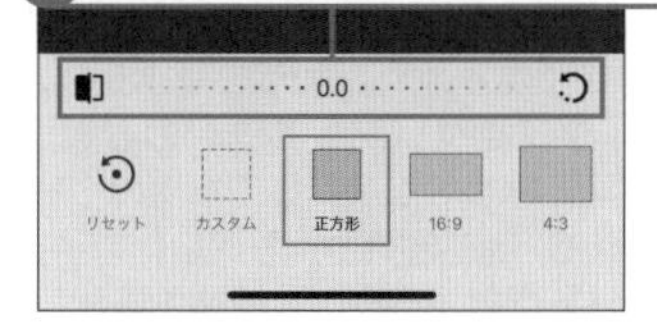

9 写真への編集を適用する

右上の［適用］をタップし、編集を保存します。

10 ［調整］をタップする

下部のメニューで［調整］をタップします。

11 写真の明るさを調整する

［明るさ］をタップし、表示されるスライダーをドラッグして明るさを調節します。

写真のコントラストを調整する

［コントラスト］をタップし、適切なコントラストになるまでスライダーをドラッグします。写真の補正が完了したら、［適用］をタップし、編集を反映します。

編集を終了する

商品写真の編集が完了したら、右上の［完了］をタップします。

写真の編集画面を閉じる

右上の［完了］をタップし、写真の編集を完了します。

ヒント 既存の写真を商品写真に登録する

既存の写真を商品写真として登録するには、［商品の情報を入力］画面の商品写真枠の青いカメラのアイコンをタップして［カメラ］画面を表示します。下部の［アルバム］タブをタップして既存の写真一覧を表示し、目的の写真をすべて選択して右上の［完了］をタップします。なお、商品写真は、選択した順番に表示されるので、写真を選択する際には順序を確認しましょう。

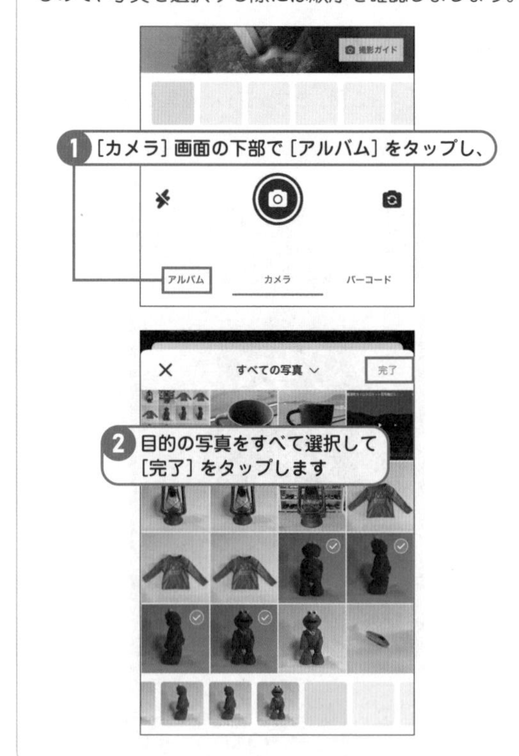

商品を出品する

商品を出品する

［商品の情報を入力］画面の最下部を表示し、［出品する］をタップします。

2 商品が出品された

商品が出品され、この画面が表示されます。出品した商品の画面を確認する場合は、［出品した商品をみる］をタップします。

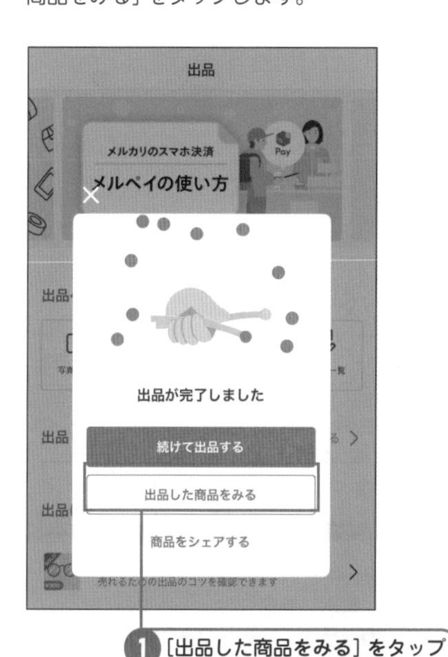

3 商品画面を確認する

出品した商品が表示されます。

ヒント 商品の情報を編集するには

商品の情報を後から編集するには、下部のメニューで［出品］をタップし、表示される画面の［出品した商品］に商品の一覧が表示されるので、目的の商品の［編集する］をタップして編集画面を表示します。写真を追加したいときは、編集画面上部に表示される商品写真のリストを左に向かってスワイプし、末尾の空白のサムネイルをタップするとカメラ機能が起動するので撮影したりアルバムから写真を選択したりします。

▲目的の商品の［編集する］をタップして編集画面を表示します

SECTION 34

Key Word バーコード出品

バーコード出品にチャレンジしよう

メルカリでは、本や音楽CD、化粧品、家電などのバーコードを読み込むと、その商品情報を自動的に取得できるバーコード出品が可能です。バーコード出品に対応したカテゴリーは限られていますが、商品説明を入力する手間が省けて便利です。

バーコードを読み込んで商品情報を書き込もう

バーコードリーダーを起動する

下部のメニューで［出品］をタップし、［バーコード（本・コスメ）］をタップします。

バーコードを読み取る

バーコードにバーコードリーダー上に表示されるバーコードを重ねて、情報を読み取ります。タイトルが表示されたら、［商品写真を撮る］をタップします。

商品写真を撮る

カメラが起動するので、シャッターボタンをタップして商品写真を撮影します。撮影が完了したら、右上の［完了］をタップします。

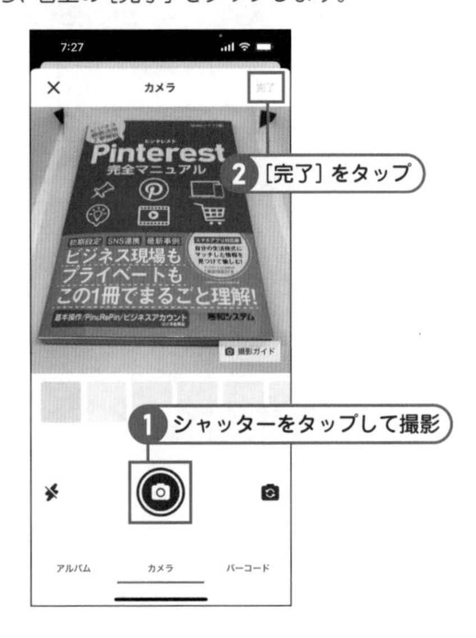

ヒント バーコード出品とは

「バーコード出品」は、［出品］画面のカメラ機能を利用して商品のバーコードを読み込み、商品名やカテゴリー、商品説明に情報を自動的に書き込む機能です。商品説明には、タイトル・著者名・アーティスト名、発売日、定価、カテゴリーなどが書き込まれます。なお、バーコード出品は、次のカテゴリーに該当する商品にのみ対応しています。

- 本、音楽、ゲーム
- コスメ、香水、美容
- 家電、カメラ（スマートフォンは除く）

読み取った情報が設定された

タイトルとカテゴリー、商品説明に読み込んだ情報が設定されます。

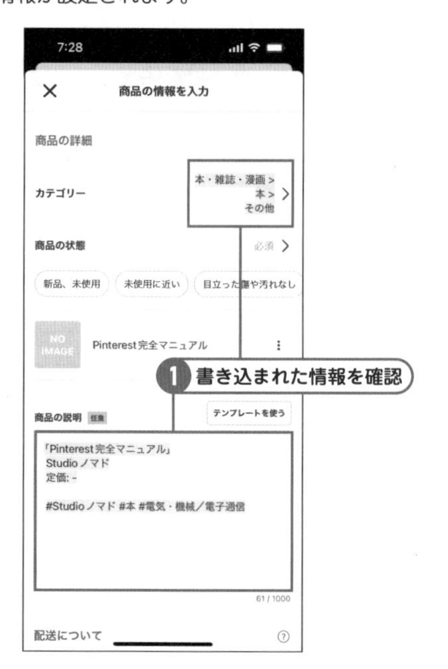

商品説明を修正する

タイトルや商品説明の内容を確認し、必要なら修正します。

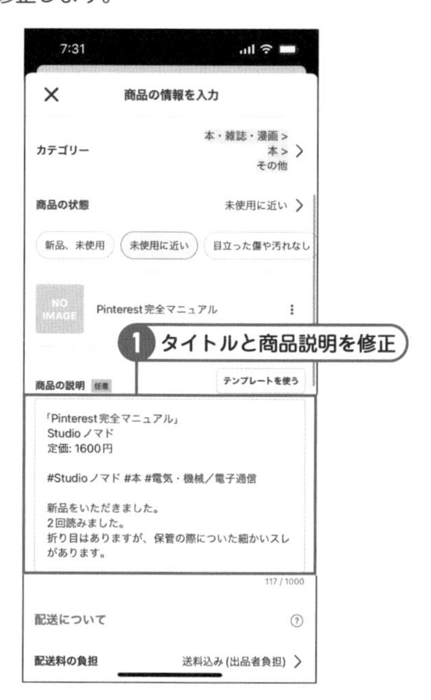

商品を出品する

[販売価格]や[配送料の負担]、その他の項目を設定し、[出品する]をタップします。

バーコードなしで自動的に商品情報を取り込む

[出品]をタップする

下部のメニューで[出品]をタップし、表示される画面の右下にある[出品]をタップします。

カテゴリーの選択画面を表示する

［カテゴリー］をタップして、カテゴリー一覧を表示します。

カテゴリーを選択する

目的のカテゴリーをタップします。ここでは、［本・雑誌・漫画］をタップします。なお、バーコード出品に対応しているカテゴリーはコラムで確認ください。

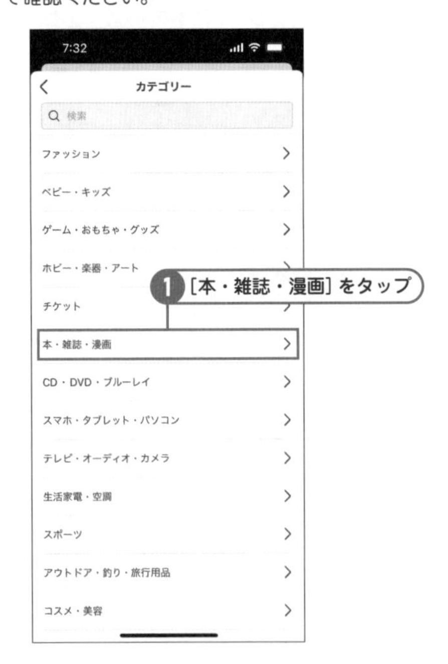

サブカテゴリーで絞り込む

カテゴリーをサブカテゴリーで絞り込みます。ここでは、［本・雑誌・漫画］→［本］→［コンピュータ・IT］をタップします。

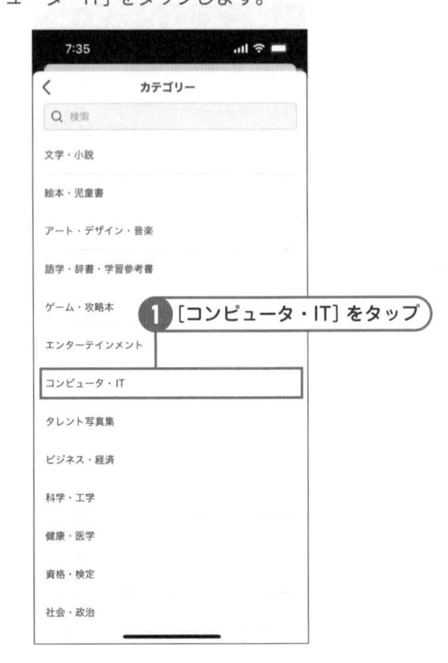

［商品名・型番から探す］をタップする

［商品名・型番から探す］をタップします。

目的の商品を選択する

検索ボックスをタップし、本のタイトルを入力して、表示される検索結果から目的の本のタイトルをタップします。

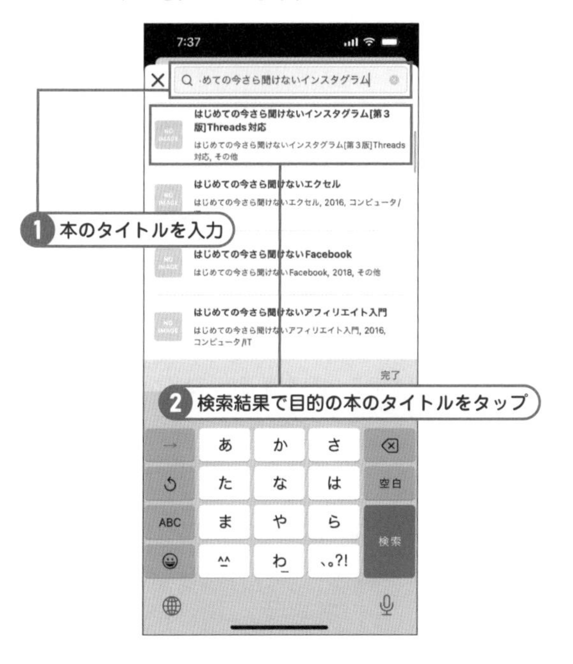

商品の情報が設定された

タイトル、カテゴリー、商品の説明に情報が書き込まれます。

メモ タイムセールを開催しよう

商品がなかなか売れないときは、タイムセールを開催してみましょう。タイムセールを利用すると、指定した期間、指定した割引価格のセールを開催できます。検索結果画面に割引率が記載されたタイムセールラベルが表示されて利用者の注意を引くことができ、値引き前後の価格も表示されてアピール効果は抜群です。タイムセールを利用するには、[マイページ] にある [出品した商品] をタップし、[出品中] にある目的の商品の詳細画面を表示して、下の手順に従います。

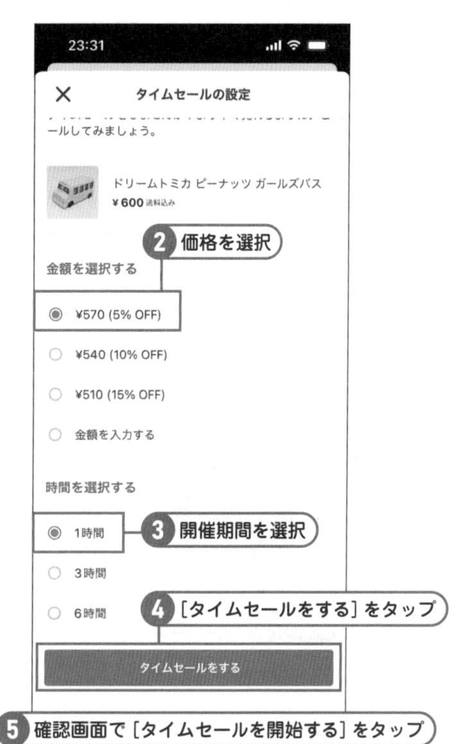

SECTION Key Word コメントの利用

35 コメントをやり取りしよう

メルカリでは、コメントを利用した購入者とのコミュニケーションが日常的に行われます。購入者の距離が近いことから、コメントへの対応次第でリピーターが付いたり、トラブルに発展したりします。コメントには丁寧に対応した方が良いでしょう。

コメントに返信しよう

目的の通知をタップする

商品にコメントが書き込まれると［お知らせ］画面に通知が届きます。目的の通知をタップして商品の画面を表示します。

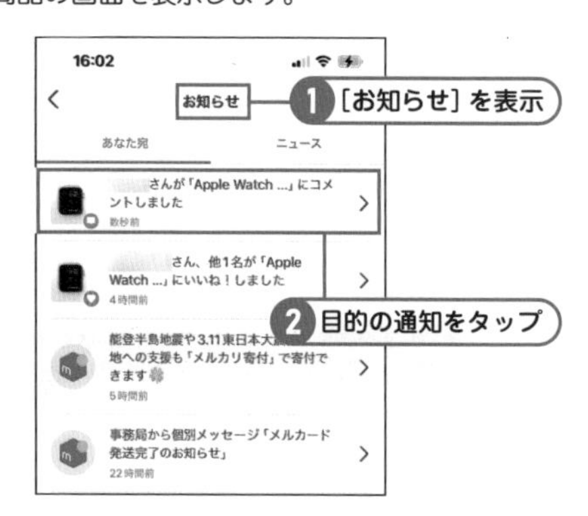

コメントを表示する

商品の画面が表示されます。コメントのアイコンをタップし、コメントを表示します。

コメントを確認する

コメントの内容を確認し、コメントのテキストボックスをタップします。

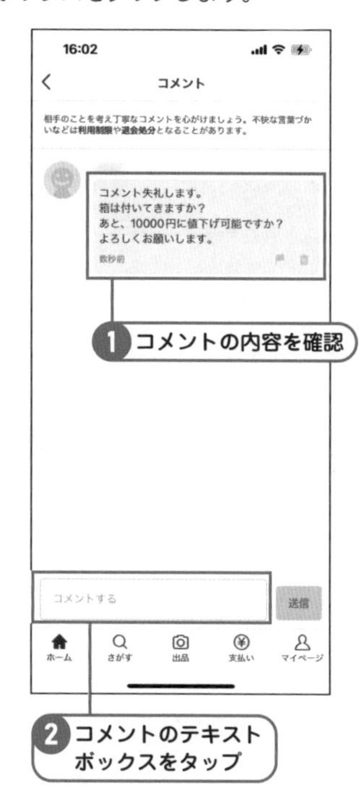

メモ コメントはチャンス

コメントを書き込むユーザーは、商品に興味を持ち、購入を検討していると考えていいでしょう。コメントの有無はまめにチェックして、できるだけすぐに対応しましょう。「コメントありがとうございます」など、書き込みに対してお礼を伝えるなど、丁寧に対応すると好印象を持ってもらえます。

コメントに返信する

コメントへの返信を入力し、[送信] をタップします。

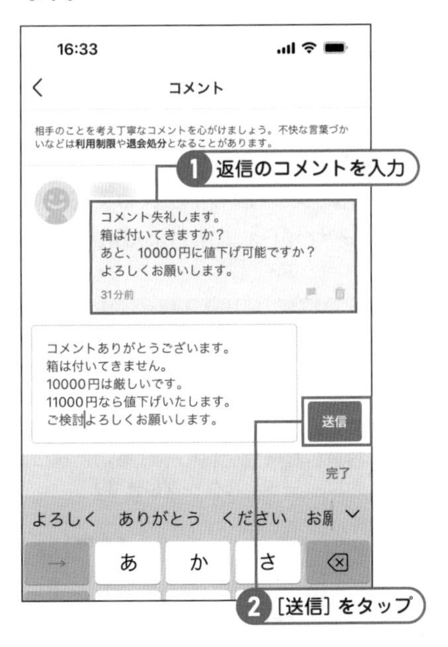

5 コメントが返信された

コメントへの返事が送信されました。

コメントを削除するには

コメントを削除する

削除するコメントの右下にあるゴミ箱のアイコンをタップします。

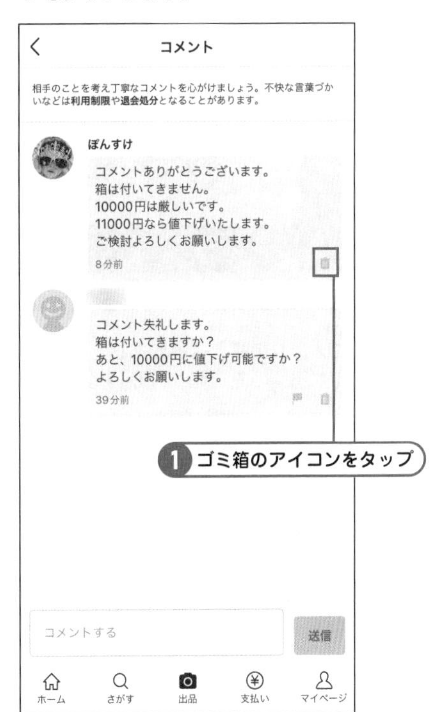

コメントの削除を確認する

確認画面が表示されるので、[削除する] をタップすると、コメントが削除されます。

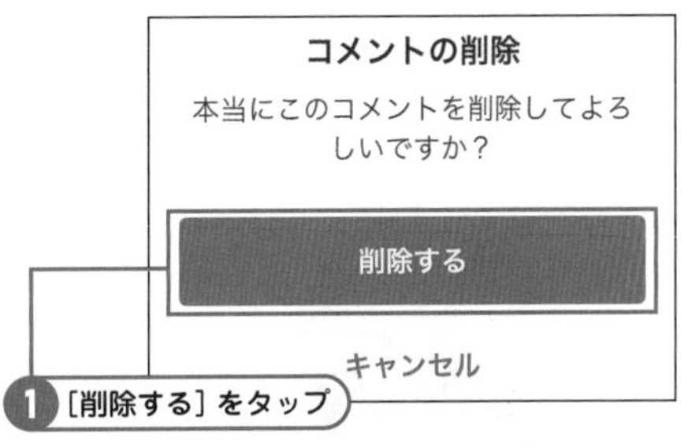

チェック　コメントを管理する

この手順に従うと、コメントを削除することができます。誹謗中傷や極端な値下げ交渉、トラブルの後のコメントなどは、他のユーザーを不安させるため、削除した方が良いでしょう。コメントをうまく管理して、気持ちの良い取引に努めましょう。

値下げ交渉に応じよう

値下げ交渉は、出品すれば必ずされると思っておいた方が良いでしょう。そのための準備として、最低販売価格を設定し、それ以下の交渉は「断る」と決めておくと気持ちが楽です。購入者とのコミュニケーションを楽しみながら、気持ちよく取引しましょう。

販売価格を決めよう

目的の通知をタップする

コメントの書き込みがあると、［お知らせ］に通知が届くので、目的の通知をタップします。

コメントを表示する

目的の商品画面が表示されるので、コメントのアイコンをタップします。

値下げ交渉する

値下げのリクエストを受ける場合は、購入者と合意した販売価格に下げることをコメントに入力し、［送信］をタップします。

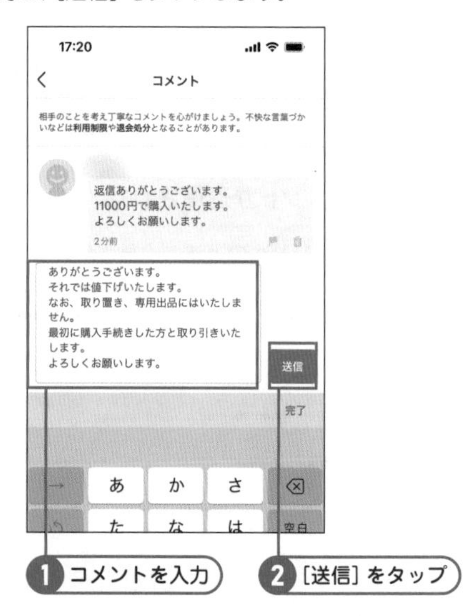

メモ 値下げ交渉しよう

訪問者から値下げを求められたら、自分の最低販売価格と見比べて、値下げを受けるか断るかを決めましょう。値下げを断る場合は、「送料を考えると値下げは難しいです」など、理由を示した方が良いでしょう。値下げを受ける場合は、必ず金額の合意を確認してから操作を進めましょう。また、値下げしても購入されない可能性もあるため、値下げ価格での購入期限を設定すると良いでしょう。

コメントが送信された

コメントを表示されたら、価格の合意が取れたとして、販売価格を変更して、ユーザーによる購入に備えましょう。

販売価格を変更する

商品情報の編集画面を表示する

コメントを送信したら画面の上部に戻り、［商品を編集する］をタップして、商品情報の編集画面を表示します。

販売価格を変更する

［販売価格］の金額を目的の金額に変更し、［変更する］をタップします。

価格が変更された

価格が変更されました。購入者による購入を待ちましょう。

横取り対策をしよう

販売価格を下げるとすぐに、値下げ交渉した相手とは別のユーザーが購入手続きをすることがあります。メルカリのルールとしては、商品の購入は早い者勝ちのため、最初に購入手続きを始めた相手に販売することになります。こういったことを防ぐためには、販売価格を下げる際に、タイトルに「〇〇様専用」と記述して取り置きをするのが一般的です。しかし、専用出品を明記しても”横取り”するユーザーもいるため、交渉相手との間で購入期限を設定した方が良いでしょう。

SECTION 37

Key Word 取引の完了

商品を発送して取引を完了しよう

商品が購入されたら、早速発送の手続きを始めましょう。梱包する際には、配送中に商品が破損しないように気を配りましょう。匿名配送を設定している場合は、QRコードを発行し、荷物と一緒にコンビニや郵便局に持っていきます。

購入後のあいさつをしよう

［やることリスト］を表示する

商品が購入されると［やることリスト］に通知が届きます。ホーム画面の［やることリスト］のアイコンをタップして、［やることリスト］を表示します。

通知をタップする

目的の通知の内容を確認し、通知をタップします。

画面下部を表示する

［取引画面］が表示されます。画面を上に向かってスワイプし、画面下部にあるコメントを表示します。

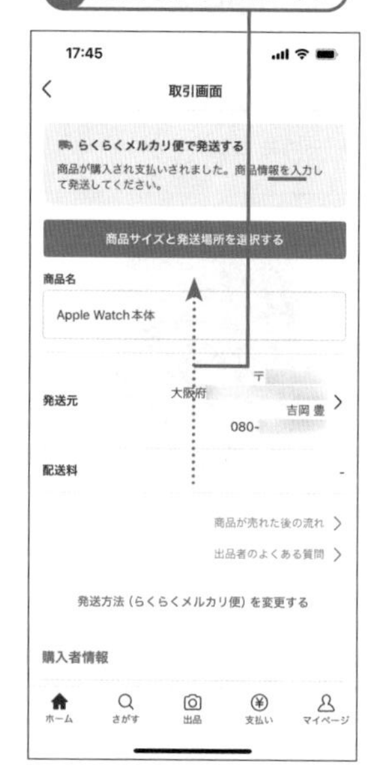

メモ 購入後のあいさつをしよう

購入者の支払いが完了したら、［やることリスト］に商品購入の通知が届きます。通知が届いたら、商品の発送作業に入りましょう。購入者が商品を受け取って、互いに評価するまで取引は継続中です。購入が決まったからといって気を抜かず、最後まで気持ちよく取引するため、コメントで購入後のあいさつを送信しましょう。

購入後のあいさつを送信する

コメントの入力ボックスに購入のお礼と取引の開始を確認するコメントを入力して、[取引メッセージを送る] をタップします。

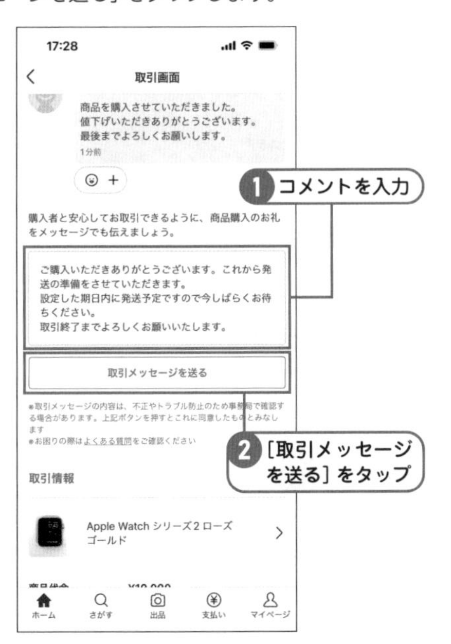

発送の準備をしよう

商品サイズの選択画面を表示する

[取引画面] の上部を表示し、[商品サイズと発送場所を選択する] をタップします。

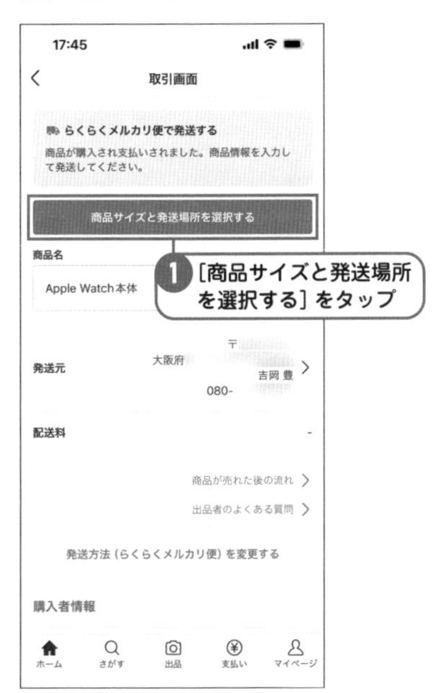

商品のサイズを選択する

荷物のサイズを選択し、[選択して次へ] をタップします。ここでは [ネコポス] を選択します。

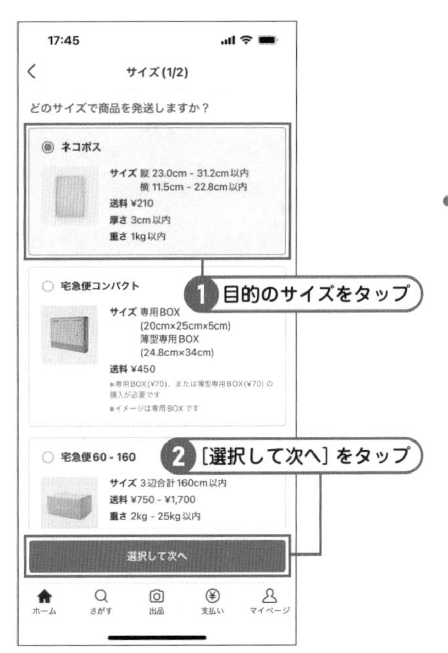

3 発送場所を指定する

発送場所を選択し、[選択して完了する] をタップします。ここでは、[ファミリーマート] を選択します。

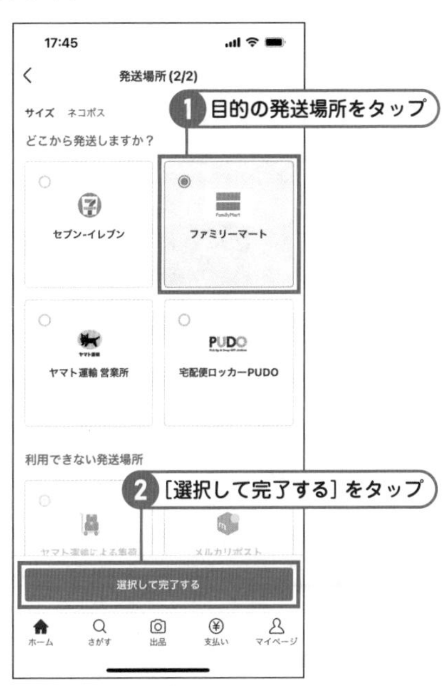

発送用QRコードを発行する

［発送用QRコードを発行］をタップし、QRコードを発行します。

商品を発送する

QRコードが発行されます。商品の荷物とこのコードをもって指定した場所から発送します。発送が完了したら、［商品を発送したので、発送通知をする］をタップして通知を送付します。

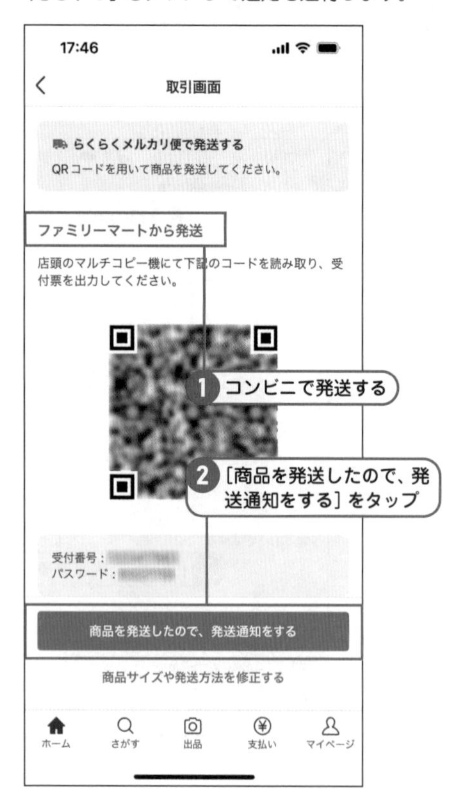

評価を送信して取引を完了する

受取評価の通知を確認する

購入者に手元に商品が到着し、中身が確認されたら、受取評価されます。受取評価されたら、［やることリスト］に通知が届くので、通知をタップします。

取引を評価する

［取引評価］で［良かった］、［残念だった］のいずれかを選択し、評価のコメントを入力して、［購入者を評価して取引を完了する］をタップします。

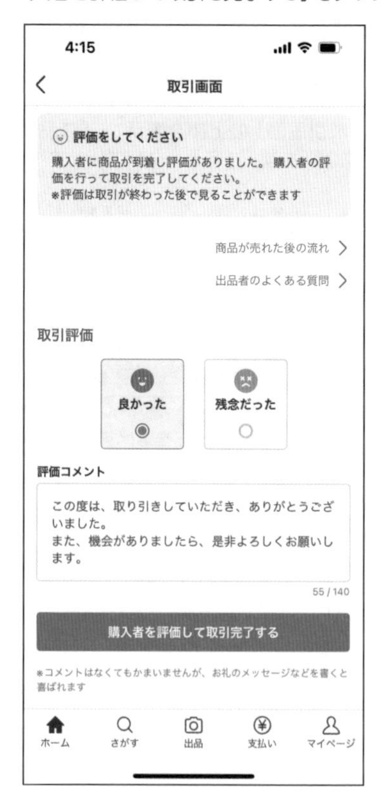

5章

パソコンでメルカリを始めるには

メルカリは、スマホから操作するイメージが強いですが、パソコンから Web ブラウザを使って利用することもできます。商品の購入はもちろん、出品も行えます。パソコンの画面は大きいことから、商品を探しやすく、商品写真の確認も楽です。ただし、バーコード出品や支払い方法に制限があるなど、利用できない機能もあります。この章では、メルカリをパソコンの Web ブラウザから利用する方法とスマホアプリ版との違いを中心に解説します。

SECTION 38

Key Word パソコンから利用するポイント

パソコンでメルカリを利用するメリット・デメリット

メルカリは、パソコンのWebブラウザからも利用できます。商品の購入や出品も可能で、機能的な違いはバーコード出品ができないことと、いくつかの支払い方法が利用できないことくらいです。大きな画面で商品を検索、比較できるのが大きな利点です。

パソコンでメルカリを利用するメリット

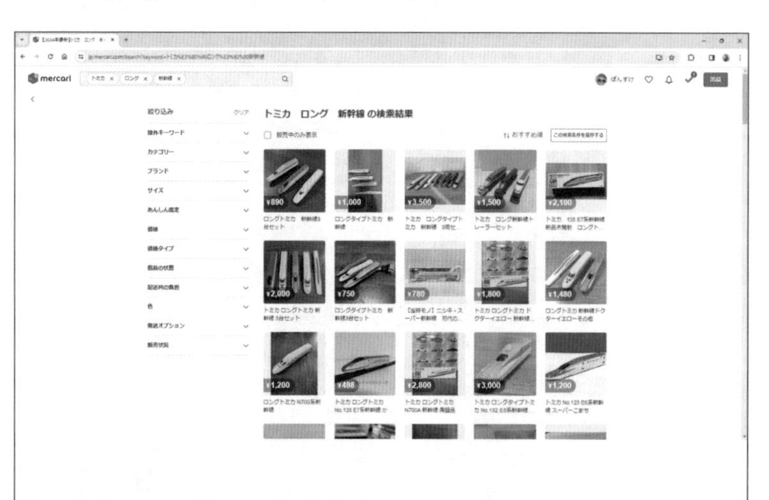

▲画像が大きくタイトルも表示されて商品の違いがよくわかります

・大きな画面で商品を検索できる

パソコンでメルカリを利用するメリットは、大きな画面で商品を検索できることでしょう。検索結果に多くの商品写真が表示されるため、気になる商品をすばやく見つけられます。また、個別の商品写真を拡大表示することで、大きな画面で傷や商品の状態を確認できます。また、検索結果やホーム画面では、各商品写真の下に商品のタイトルが表示されていてわかりやすくなっています。

▲商品写真を拡大表示して状態を詳しく確認できます

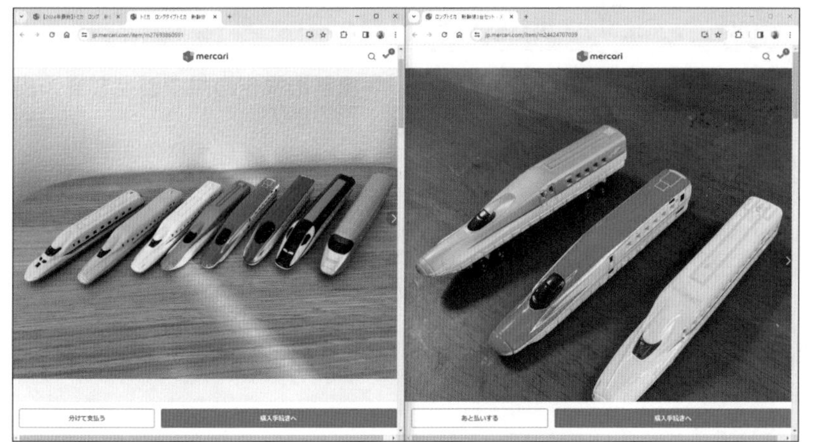

▲別ウィンドウを並列させれば、商品を比較することもできます

・複数の画面で商品を比較できる

検索結果で商品をクリックすると、その商品画面が別のタブで表示されます。そのため、複数の気になる商品を別のタブやウィンドウで開いておくことができ、画面を切り替えることで比較、検討することができます。

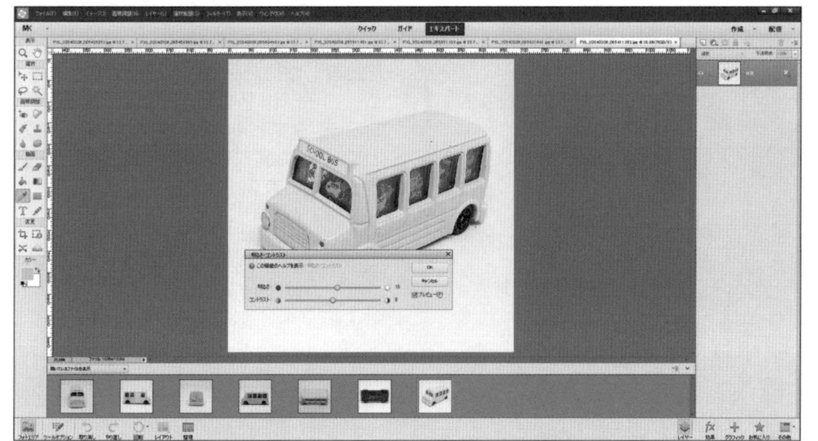

▲使い慣れた画像編集ソフトを利用できます

・商品写真の補正がしやすい

商品写真は、Photoshopなどの画像編集ソフトを使えば、かんたんに補正、加工することができます。商品写真が多い場合は、パソコンで補正・加工した方が便利かもしれません。パソコンを使って商品写真を撮影することは難しいですが、スマホから撮影した写真をGoogleフォトやiCloudなどのクラウドサービスからダウンロードすればよいでしょう。

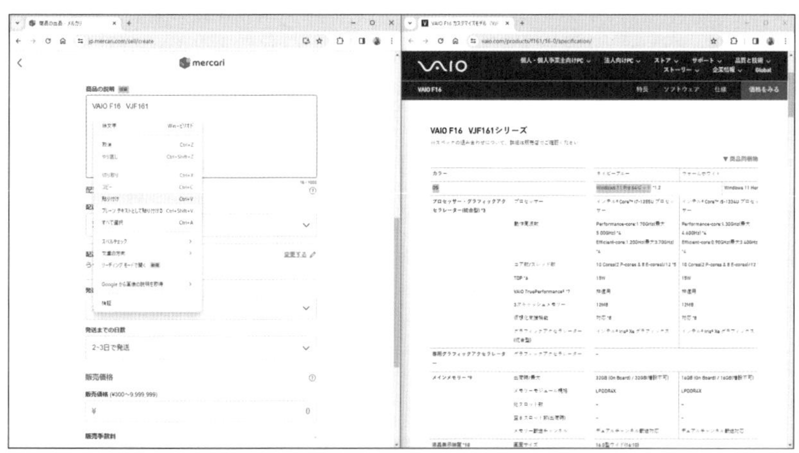

▲キーボード操作で入力もコピペも簡単に行えます

・コピーペーストなど商品説明の編集が楽にできる

スマホで面倒なのは商品説明の入力です。パソコンでは、キーボードを利用できることから楽に入力できる上、メーカーのWebページからスペックなどをコピーし、貼り付けることもできます。

パソコンでメルカリを利用するデメリット

▲商品写真はあらかじめ用意する必要があります

・出品の操作の中で商品写真が撮影できない

パソコンでメルカリを利用するデメリットとして大きなものに、商品写真を撮影できないことが挙げられます。デジカメやスマホで撮影した商品写真を、パソコンにコピーするか、クラウドサービスからダウンロードするかして移動させる必要があります。そのため、パソコンからの出品は、スマホと比べて手間と時間がかかってしまいます。

▲商品説明などをすべて入力する必要があります

・バーコード出品が利用できない

パソコンで利用できないメルカリの機能のひとつにバーコード出品があります。バーコード出品を利用すると、商品カテゴリー、タイトル、商品説明が自動的に入力できますが、パソコンではこれらを自分で入力します。

支払い方法	スマホアプリ	パソコンWeb
クレジットカード払い	○	○
コンビニ払い	○	○
キャリア決済	○	○
FamiPay	○	×
ATM払い	○	○
メルカリポイント使用	○	○
メルペイ残高使用	○	○
メルペイスマート払い	○	○
メルカード	○	○
チャージ払い	○	×
ApplePay払い	○	×

・いくつかの支払い方法が利用できない

パソコンから商品を購入する場合、チャージ払いやApplePay払い、FamiPayの3つの支払い方法を利用できません。クレジットカード払いやコンビニ払い、メルペイを使った支払い方法などは利用可能です。パソコンからメルカリで商品を購入したときは、下の表を確認して、適切な支払い方法を選択しましょう。

Webブラウザ版の機能が大幅に改善された

Webブラウザ版のメルカリでは、以前は検索条件を保存できなかったり、閲覧履歴を表示できなかったりするなど、アプリ版と比べてその機能に制約がありましたが、大幅に改善されつつあります。2024年3月現在、スマホ版との大きな違いは、バーコード出品ができない、商品写真の加工・編集ができない、支払い方法が少ないことの3点です。

・ゆうゆうメルカリ便と梱包・発送たのメル便が利用できるようになった

・ユーザーをフォロー・ブロックできるようになった

・検索条件を保存できるようになった

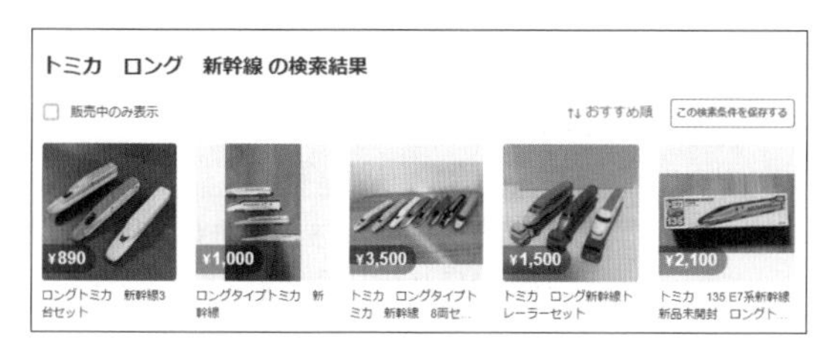

・閲覧履歴を確認できるようになった

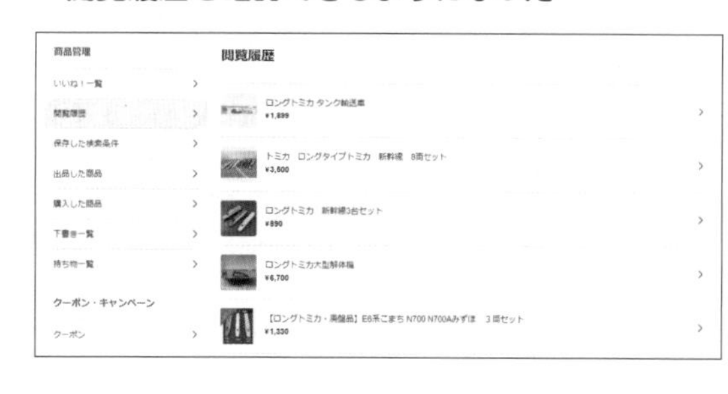

・評価のコメントを確認できるようになった

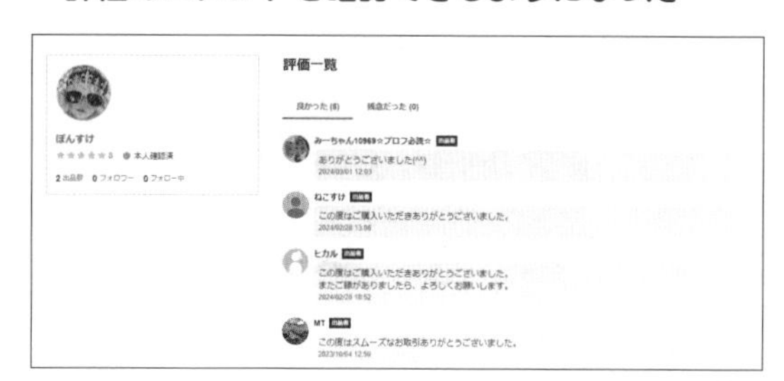

・出品の下書きが保存できるようになった

SECTION 39

Key Word パソコンでメルカリにログイン

パソコンでメルカリを利用する

パソコンでメルカリを利用するには、Webブラウザでメルカリにアクセスし、アカウントにログインします。メルカリのWebサイトからも新規アカウントを作成できますが、スマホで本人確認する必要があるため、スマホでした方が良いでしょう。

メルカリにログインする

1 ログイン画面を表示する

1 Webブラウザでメルカリのトップページを表示し、右上の [ログイン] をクリックします。

2 メールアドレスとパスワードでログインする

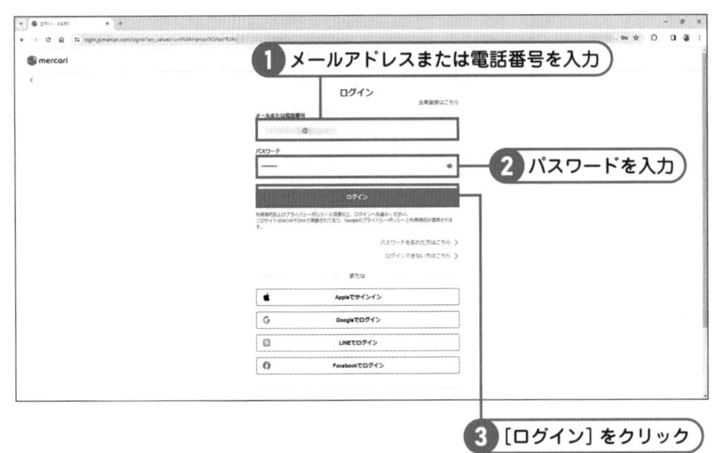

2 登録したメールアドレスまたは電話番号を入力し、パスワードを入力して [ログイン] をクリックします。

ヒント アカウントの作成はスマホで行おう

パソコンのWebブラウザでもメルカリのアカウントの作成は行えますが、スマホの電話番号での本人確認操作が必要になることから、かえって手間と時間がかかってしまいます。メルカリのアカウント作成は、スマホで行いましょう。

認証番号をメモする

3 登録した電話番号のスマホにSMSで認証番号が送信されるのでメモします。

ヒント 購入手続きの流れでログインする

メルカリでは、商品を購入する手続きの中でログインすることができます。メルカリにログインしていない状態で、商品の［購入手続きへ］をクリックし、表示される画面で［ログイン］をクリックして、メールアドレスとパスワードを入力しログインします。

個人認証を実行する

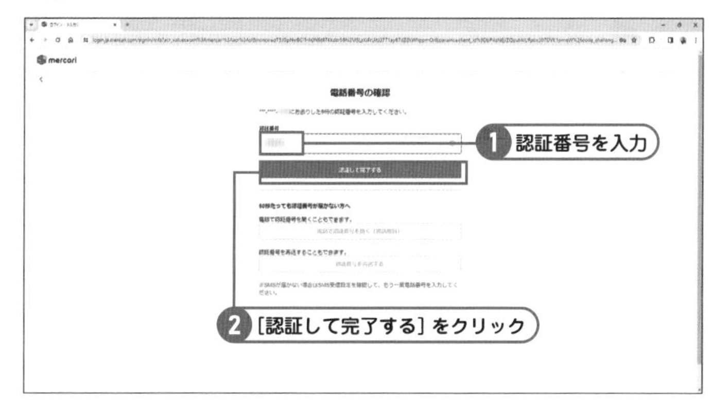

4 認証番号を入力し、［認証して完了する］をクリックします。

メルカリにログインできた

5 ログインが完了し、メルカリのトップページが表示されます。

メモ メルカリからログアウトする

メルカリからログアウトするには、右上に表示されているプロフィール写真をクリックし、表示されるメニューで［ログアウト］を選択して、確認画面で［ログアウトする］をクリックします。

SECTION 40

Key Word パソコンでの商品検索

大きな画面で商品を検索、検討しよう

パソコンでメルカリを利用するメリットのひとつに、大きな画面で商品を確認できることが挙げられます。商品写真を拡大表示したり、他の商品と比較したりすることができ、じっくりと検討したい場合に便利です。

商品をキーワードで検索しよう

1 キーワードで検索する

1 検索ボックスをクリックし、目的のキーワードをスペースでつないで入力して、キーボードの［Enter］キーを押し検索を実行します。

2 気になる商品を表示する

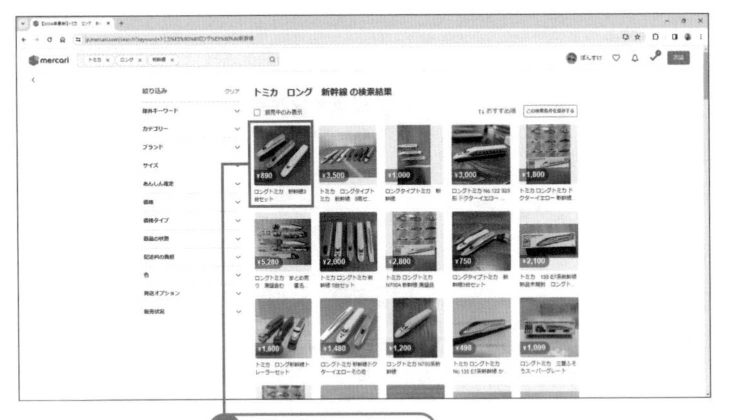

2 検索結果が表示されるので、目的の商品をクリックします。

メモ 商品写真の下にタイトルが表示されている

Webブラウザ版で商品を検索すると、検索結果の商品写真の下に商品のタイトルが表示されています。商品写真と商品タイトルを合わせて確認することができて便利です。

3 商品写真をクリックする

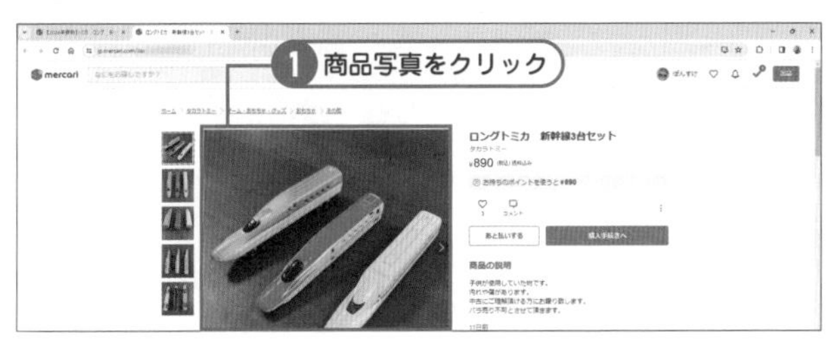

3 商品が表示されました。商品写真をクリックします。

ヒント　商品写真を拡大する

この手順で商品写真を拡大表示した場合、その表示範囲はマウスを動かして移動させせることができます。表示範囲は、マウスを動かした方向に移動します。なお、拡大表示を解除するには、マウスポインタを商品写真の外に移動させるか、商品写真を再度クリックします。

4 商品写真を拡大表示する

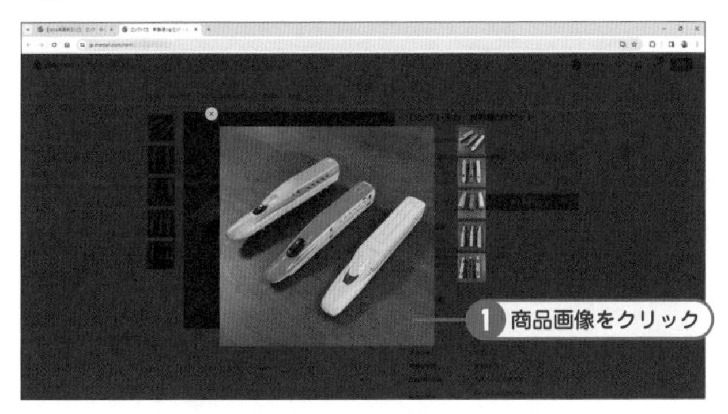

4 商品画像が表示されます。再度商品画像をクリックし、拡大表示に切り替えます。

5 商品状態を確認する

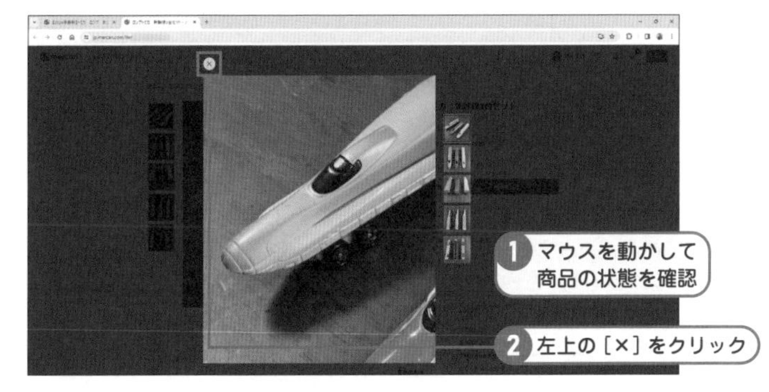

5 拡大表示されます。見たい方向にマウスを動かすと画像も同じ方向に移動します。商品の確認が終わったら、左上の［×］をクリックして画面を閉じます。

ヒント　キー操作でWebブラウザのタブを切り替える

たくさんの商品を比較したり、確認したりする場合、Webブラウザのタブの切り替えが、ちょっと面倒な操作になるコトがあります。この場合、キーボードで［Ctrl］キーを押しながら［Tab］キーを押すと、Webブラウザのタブを切り替えることができます。

6 検索結果画面に切り替える

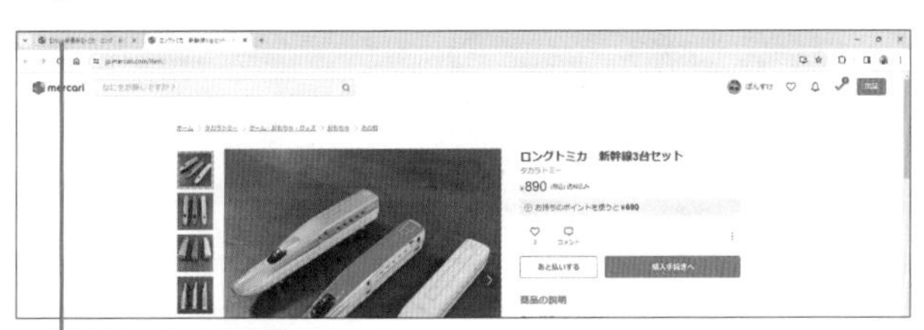

6 商品の画面に戻ります。1つ前のタブをクリックし、検索結果画面に切り替えます。

別の商品ページを表示する

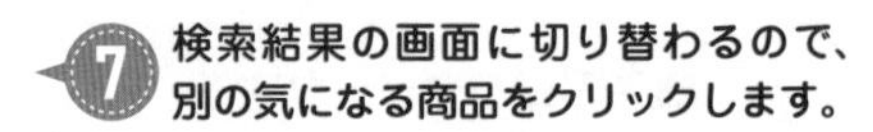

検索結果の画面に切り替わるので、別の気になる商品をクリックします。

タブが切り替わった

新しいタブが作成され目的の商品が表示されます。タブを切り替えて商品を見比べ、検討します。

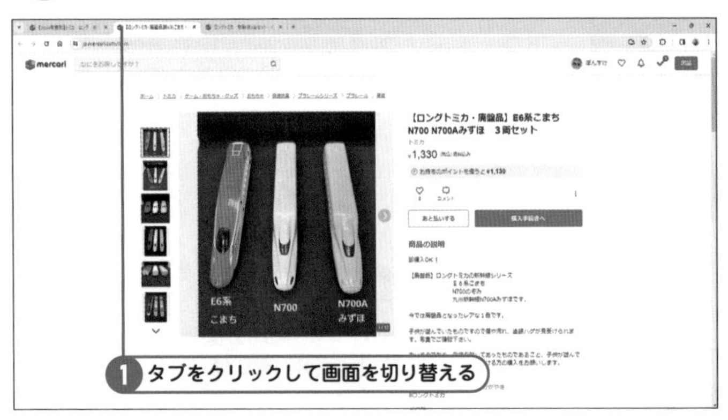

ウィンドウを並べて見比べる

商品ページを並べて表示したいときは、Webブラウザで目的の商品ページのタブを一旦下に向かってドラッグして別のウィンドウに分離します。キーボードの［Windows］キーを押しながら［→］キーを押すと表示中のウィンドウが右半分に配置され、左側に配置するウィンドウの選択画面が表示されるので、目的のウィンドウをクリックします。

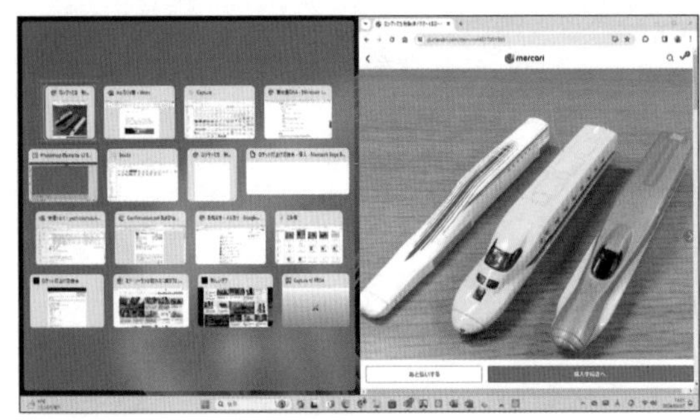

▲目的の商品ページを表示し、［Windows］キーを押しながら［→］キーを押して、左側に配置するウィンドウを選択します

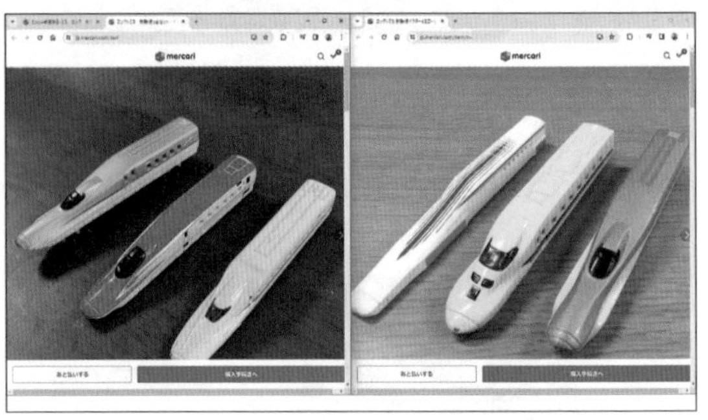

▲ウィンドウを並べて表示できます

検索条件を保存する

検索条件を保存する

1 [この検索条件を保存する] をクリック

1 キーワードで検索を実行し、検索結果を表示しています。[この検索条件を保存する] をクリックします。

2 検索条件に該当する出品の通知を設定する

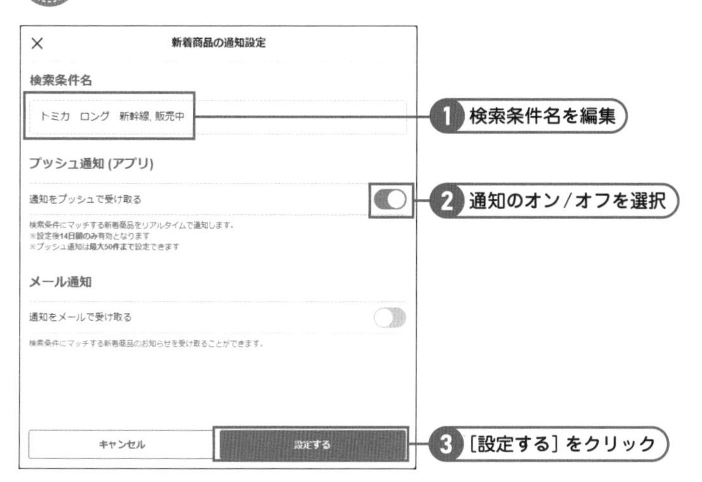

1 検索条件名を編集

2 通知のオン/オフを選択

3 [設定する] をクリック

2 検索条件名には、検索キーワードが自動的に設定されますが、必要な場合は編集します。[プッシュ通知 (アプリ)] と [メール通知] のオン/オフを選択し、[設定する] をクリックすると検索条件が保存されます。

保存した検索条件で検索する

保存した検索条件の商品リストを表示する

1 アカウント名をクリック

2 [保存した検索条件] を選択

1 右上のアカウント名をクリックし、表示されるメニューで [保存した検索条件] を選択します。

ヒント 保存した検索条件を削除する

保存した検索条件を削除するには、右上にあるプロフィール写真をクリックし、表示されるメニューで [保存した検索条件] を選択して、保存した検索条件のリストを表示します。目的の検索条件の右にある3つの点のアイコンをクリックし、表示されるメニューで [削除する] を選択します。

検索条件に該当する商品を閲覧する

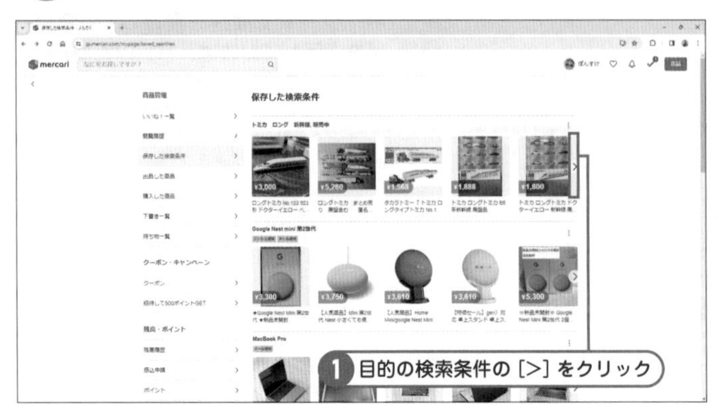

保存した検索条件が一覧で表示されます。目的の検索条件の右に表示されている［>］をクリックして、条件に含まれる商品を切り替えます。

閲覧履歴を確認する

［マイページ］を表示する

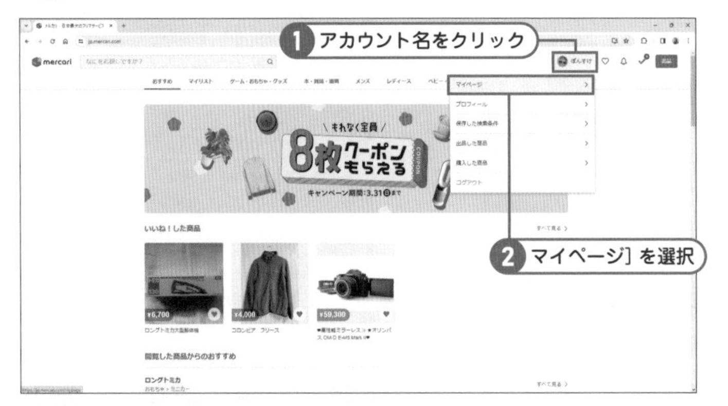

アカウント名をクリックし、表示されるメニューで［マイページ］を選択します。

チェック 閲覧履歴を確認する

閲覧履歴を確認するには、この手順に従って［マイページ］を表示し、左のメニューで［閲覧履歴］を選択します。閲覧履歴の一覧で商品をタップすると、その商品ページが開かれます。なお、閲覧履歴は、アプリ版、Webブラウザ版ともに削除することはできません。

閲覧履歴を表示する

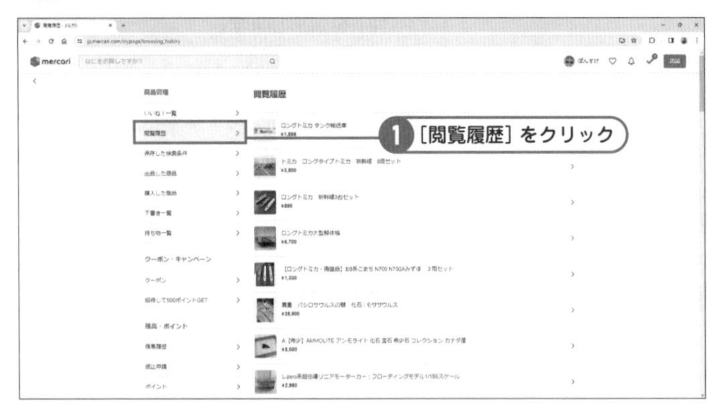

左のメニューで［閲覧履歴］をクリックすると、右側に閲覧した商品の一覧が表示されます。商品をクリックするとその商品のページが表示されます。

ユーザーをフォローする

出品者のプロフィールを表示する

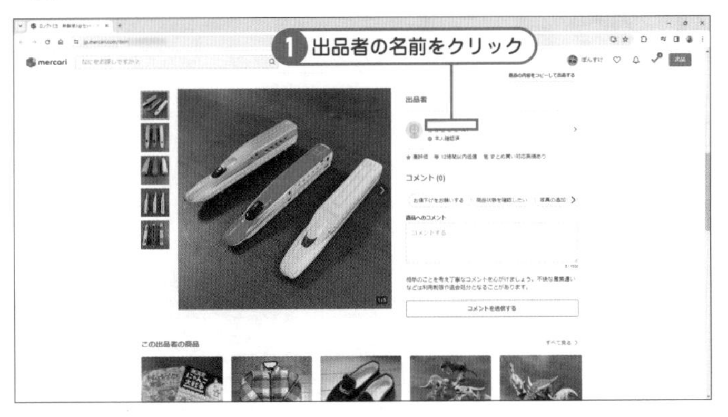

1 商品のページにある［出品者］で出品者の名前をクリックして、プロフィールを表示します。

2 出品者をフォローする

2 ［フォロー］をクリックします。

> **メモ ユーザーをフォローする**
>
> この手順に従って他のユーザーをフォローすると、フォロー中のユーザー一覧から目的のユーザーを選択するだけで、そのユーザーの商品を確認できるようになります。自分のプロフィールに表示されている［フォロー中］をクリックすると、フォローしているユーザーの一覧が表示されます。
>
> 
>
>
> ▲［フォロー中］をクリックするとフォロー中のユーザー一覧が表示されます

3 出品者をフォローした

3 出品者をフォローしました。

SECTION

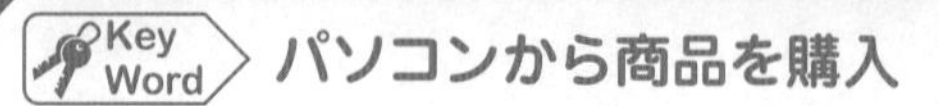

41 Webブラウザ版で商品を購入してみよう

Webブラウザ版の商品購入手続きの画面も、アプリ版と同様に1つの画面にすべての項目が表示されていて、操作しやすいように工夫されています。なお、Webブラウザ版の場合、いくつかの支払い方法が利用できないので注意が必要です。

値下げ交渉してみよう

値下げ依頼のコメントを送信する

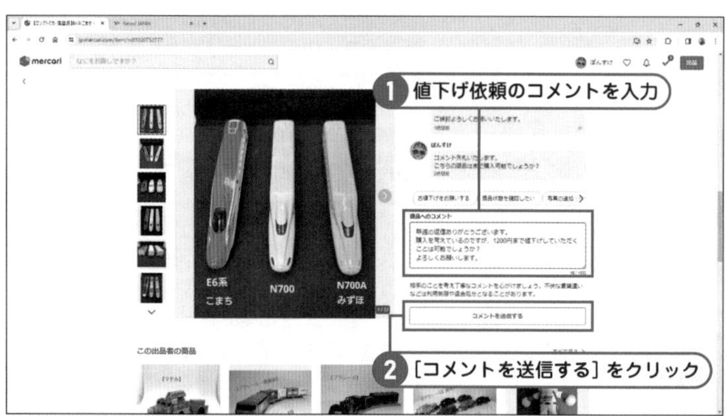

① 目的の商品ページでコメントが表示されるまでスクロールし、値下げ依頼のコメントを入力して、［コメントを送信する］をクリックします。

出品者と交渉する

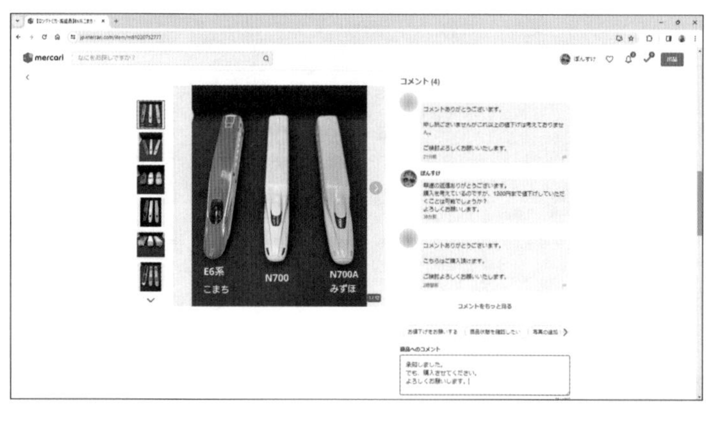

② 値下げ交渉に返答があれば、それに再度返信を送りましょう。

希望価格を登録しよう

Webブラウザ版で希望価格を登録するには、[マイページ] を表示し、左側のメニューで [いいね！一覧] を選択すると表示される商品リストで、目的の商品の右にある3つの点のアイコンをクリックして、[希望価格を設定する] を選択します。表示される画面で希望する価格を選択して、[希望価格を登録する] をクリックすると、希望価格が登録されます。

商品を購入しよう

1 [購入の確認] 画面を表示する

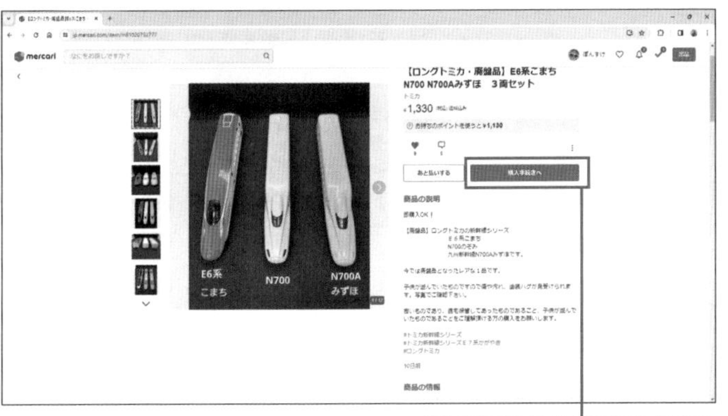

1 [購入手続きへ] をクリック

1 目的の商品のページを表示し、[購入手続きへ] をクリックします。

2 クーポンの設定画面を表示する

1 [利用可能なクーポンがあります] をクリック

2 利用できるクーポンがある場合は、[利用可能なクーポンがあります] が表示されるのでクリックします。

メモ クーポンをあらかじめ確認する

前もって利用可能なクーポンを確認したいときは、右上のプロフィール写真をクリックし、メニューで [マイページ] をクリックして、表示される画面で [クーポン] をクリックします。現在利用可能なクーポンの一覧が表示されるので、目的のクーポンの [使用条件を見る] をクリックして、使用するための条件を確認します。

クーポンを適用する

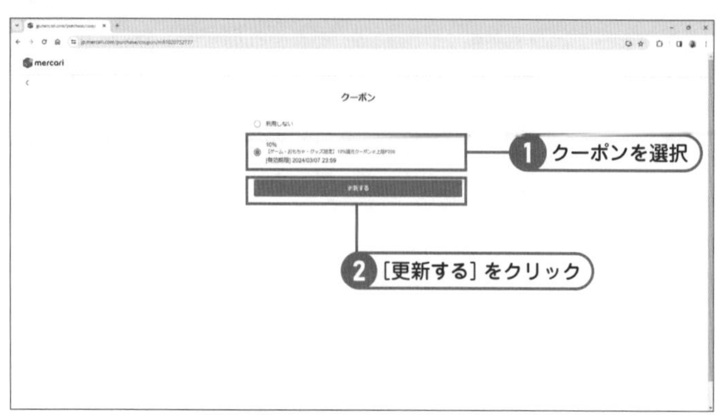

③ 目的のクーポンを選択し、[更新する] をクリックします。

④ 使用するメルカリポイントを設定する

④ ポイントがある場合は [ポイントを利用する] をオンにし、[すべてのポイントを使用する] または [一部のポイントを使用する] を選択して、使用するポイント数を指定します。

メモ メルカリポイントを使ってお得に買い物をしよう

メルカリポイントは、支払いなどで利用できるポイントのことで、1ポイントは1円に換算されます。メルカリポイントは、メルカリでの売上金から購入したり、キャンペーンなどに参加すると無償で付与されたりします。キャンペーンでメルカリポイントをゲットして、お得に買い物をしてみましょう。

支払方法の選択画面を表示する

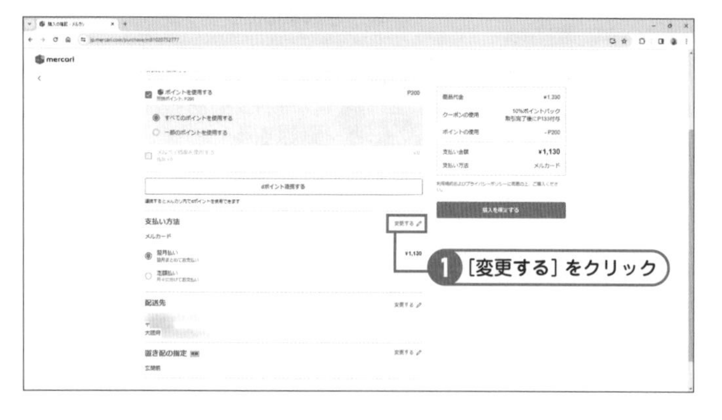

⑤ [支払い方法] の [変更する] をクリックし、支払い方法の選択画面を表示します。

6 支払方法を設定する

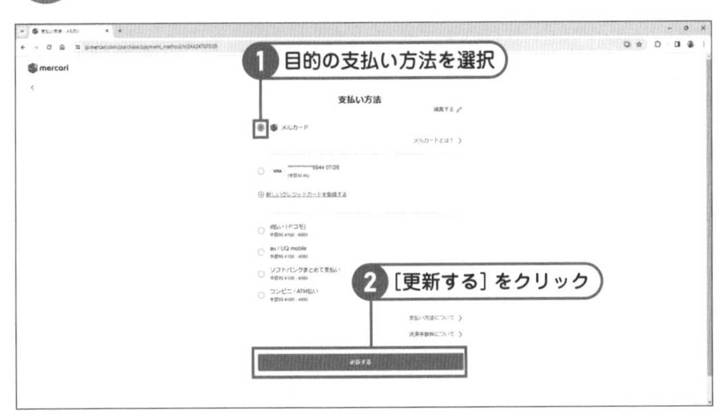

目的の支払い方法を選択し、［更新する］をクリックします。なお、ここでは［メルカード］を選択します。

商品の購入を確定する

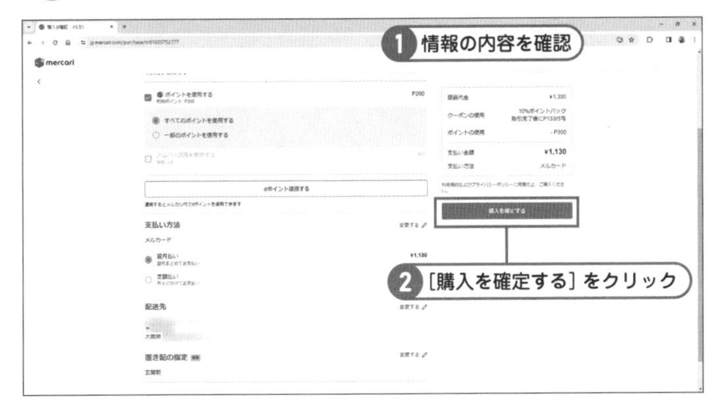

［配送先］や［置き配の指定］の内容を確認し、［購入を確定する］をクリックします。

認証番号を送信する

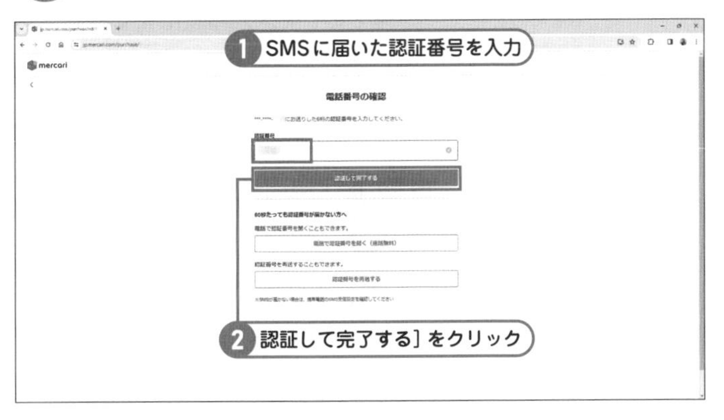

スマホのSMSに認証番号が届くので、この画面に入力し、［認証して完了する］をクリックすると、商品の購入が確定します。

商品の購入が確定した

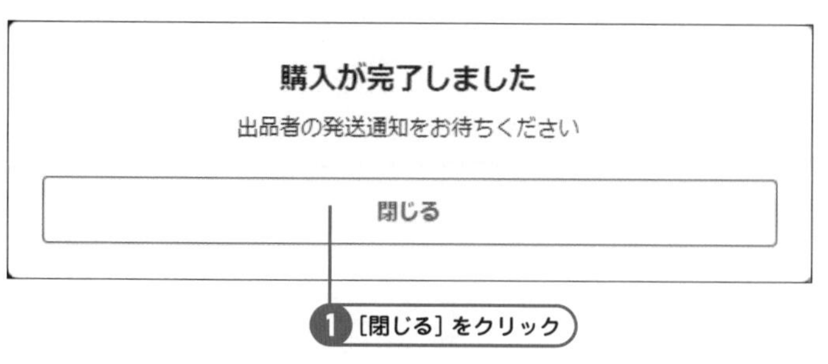

商品の購入が完了した確認画面が表示されるので、[閉じる] をクリックします。

購入後のあいさつをしよう

通知をクリックする

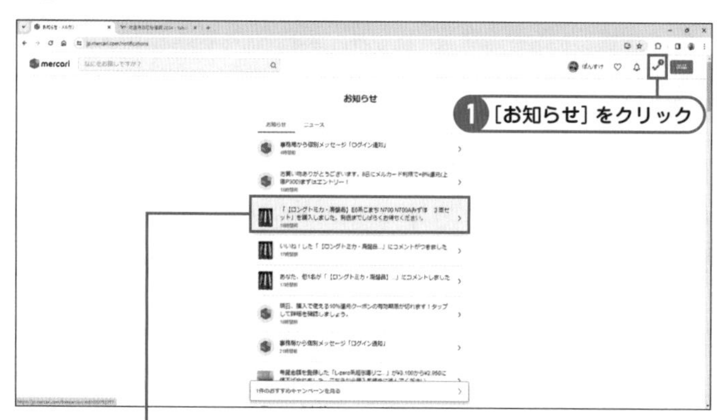

商品の購入が確定したら、[お知らせ] に通知が届きます。「(品名) を購入しました」と記載されている通知をクリックします。

購入後のあいさつを送信する

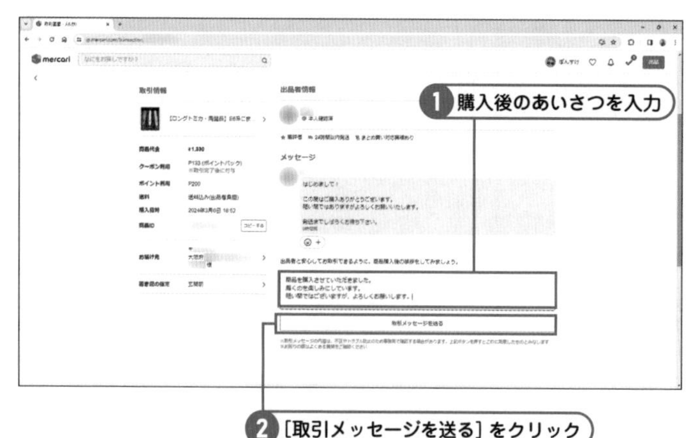

購入後のあいさつを入力し、[取引メッセージを送る] をクリックし、出品者とのやり取りを開始します。

メモ　気持ちよく取引を進めるために

メルカリでは、一般ユーザー同士による取引で、商品の売買に慣れた人ばかりではありません。経験の浅いユーザーは、メルカリ特有のルールやニュアンスなどを理解できていない場合もあるでしょう。気持ちよく取引を進めるためにも、購入後や評価時のあいさつは、誠意をもって丁寧にしましょう。

商品を受け取ったら評価しよう

やることリストで通知をクリックする

1 商品を受け取ったら［やることリスト］のアイコンをクリックし、表示されるメニューで「(品名)が発送されました」と記載されたメッセージをクリックします。

出品者を評価する

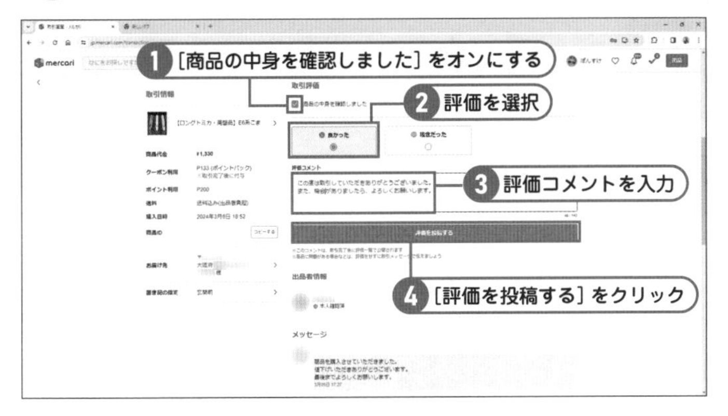

2 スクロールして［取引評価］を表示し、［商品の中身を確認しました］をオンにして、［良かった］または［残念だった］のいずれかを選択します。評価コメントを入力して、［評価を投稿する］をクリックします。

メモ 出品者への評価基準

メルカリでは、出品者に対する"悪い"評価の基準に①発送期限や配送設定が守られていない、②取引メッセージで不快な言葉使いがあったの2点を提示しています。つまり、取引において、約束を守ること、誠実に対応することを大切にしましょうということです。評価は、取引において判断基準となる重要な項目です。互いに気持ちよく取引できるように、すばやく丁寧に対応しましょう。

SECTION

Key Word パソコンからメルカリに出品

42 パソコンからメルカリに出品してみよう

パソコンでメルカリに出品する場合、すべての設定が同じ画面で確認できるため、スクロールしたり、画面を切り替えたりするストレスがあまりかかりません。同様に商品の情報を編集する場合も、見やすい大きな画面で楽に行えます。

パソコンからメルカリに出品しよう

1 ［出品］をクリックする

1 メルカリのトップページを表示し、右上の［出品］をクリックします。

2 ［商品の出品］画面を表示する

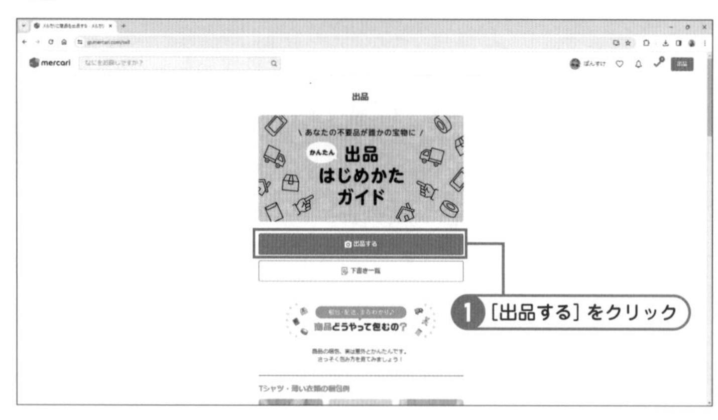

2 ［出品する］をクリックして、［商品の出品］画面を表示します。

メモ Webブラウザ版で出品するメリット・デメリット

Webブラウザ版で出品するメリットは、キーボードの扱いに慣れている場合は、商品説明の入力が楽に行えることでしょう。また、コピーや貼り付けといった操作も、スマホよりも簡単に行えます。ただし、商品写真は、あらかじめ用意しておかなければならないデメリットもあります。また、バーコード出品を利用できないため、出品操作を簡略化できません。

③ 画像の選択画面を表示する

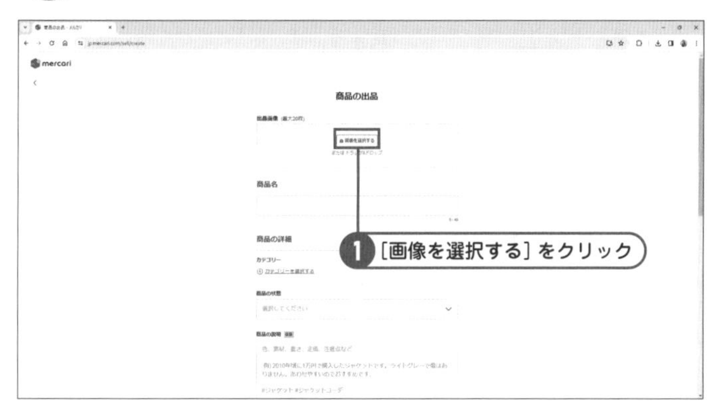

③［画像を選択する］をクリックし、画像の選択画面を表示します。

④ 商品写真を取り込む

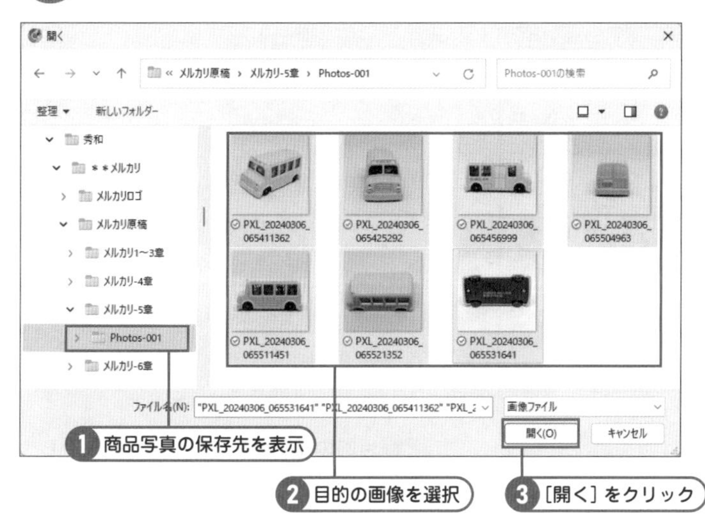

④ 商品写真の保存先を選択し、目的の画像を選択して、［開く］をクリックします。

チェック　商品画像を編集できない

スマホの［メルカリ］アプリでは、商品写真の明るさや色などを補正したり、写真にテキストを挿入したりする画像編集機能が用意されていますが、Webブラウザ版では編集機能が備えられていません。画像を編集したいときは、出品操作を始める前に、画像編集アプリを利用して補正、加工します。

⑤ 商品写真が登録された

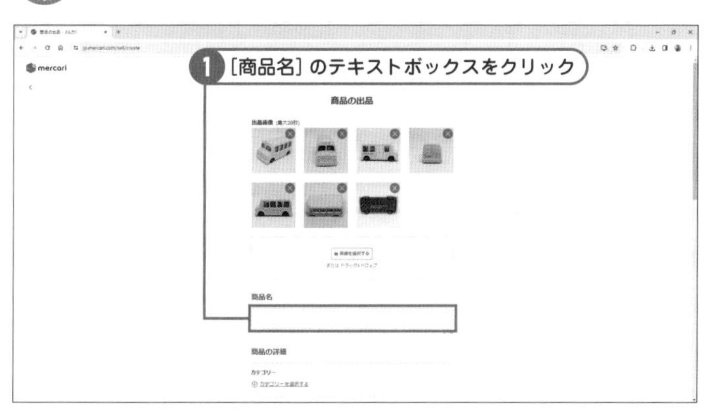

⑤ 商品写真が登録されます。不要な写真は［×］をクリックすると削除できます。［商品名］のテキストボックスをクリックします。

商品名を入力する

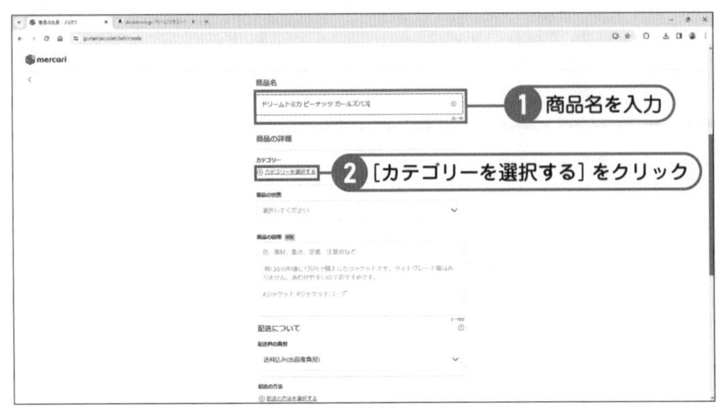

6 商品名を入力します。［カテゴリー］にある［カテゴリーを選択する］をクリックし、カテゴリー選択画面を表示します。

商品のカテゴリーを選択する

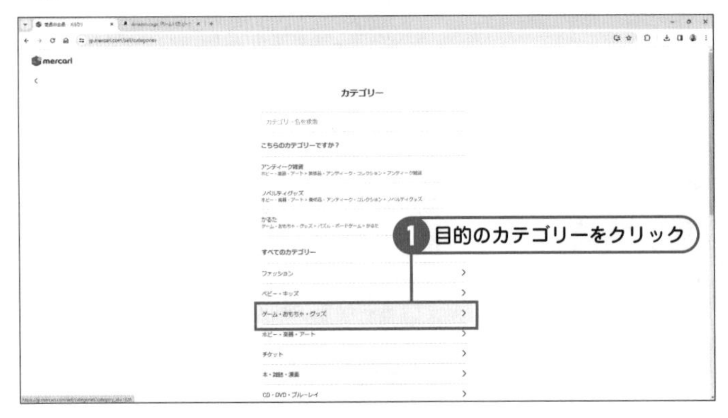

7 目的のカテゴリーをクリックし、サブカテゴリーを開きます。

商品のサブカテゴリーを選択する

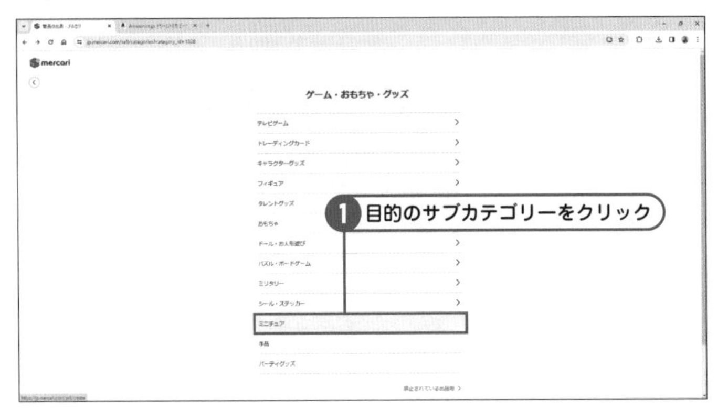

8 目的のサブカテゴリーをクリックして、カテゴリーを設定します。

メモ 適切なカテゴリーが見当たらない

出品する際に適切なカテゴリーが見当たらない場合は、各カテゴリーに用意されている［その他］を選択します。カテゴリー選択画面の上部には、カテゴリーの候補が［こちらのカテゴリーですか？］に表示されるので、そちらを選択してみても良いでしょう。

ブランドと商品の状態を設定する

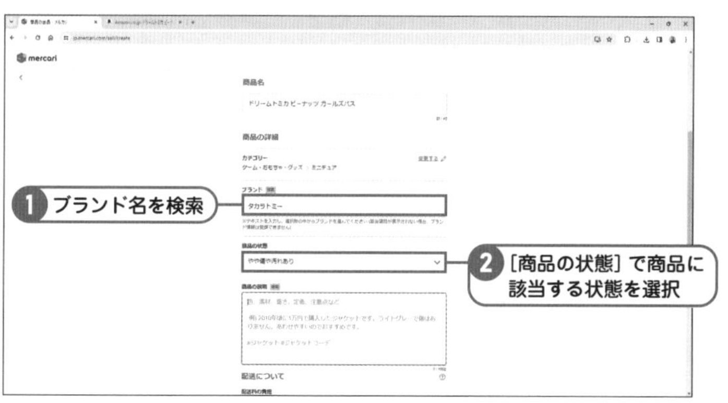

［ブランド］のテキストボックスにブランド名を入力すると表示される一覧で目的のブランドを選択し、［商品の状態］のプルダウンメニューをクリックして、商品に該当する商品の状態を選択します。

商品説明と配送料の負担を設定する

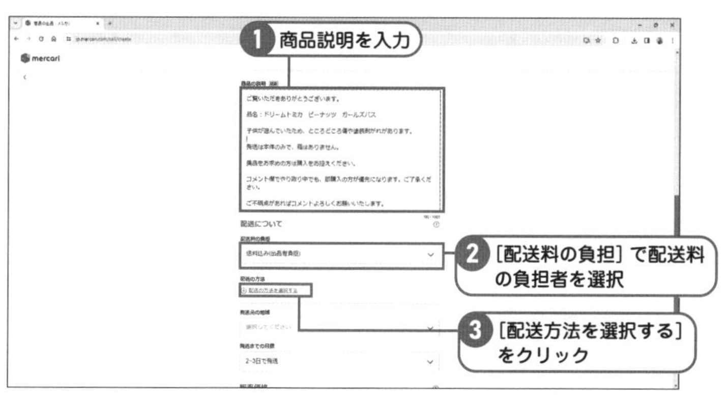

商品説明を入力し、［配送料の負担］で配送料の負担者を選択します。ここでは［送料込み（出品者負担）］を選択します。［配送方法を選択する］をクリックして、配送方法の選択画面を表示します。

配送方法を選択する

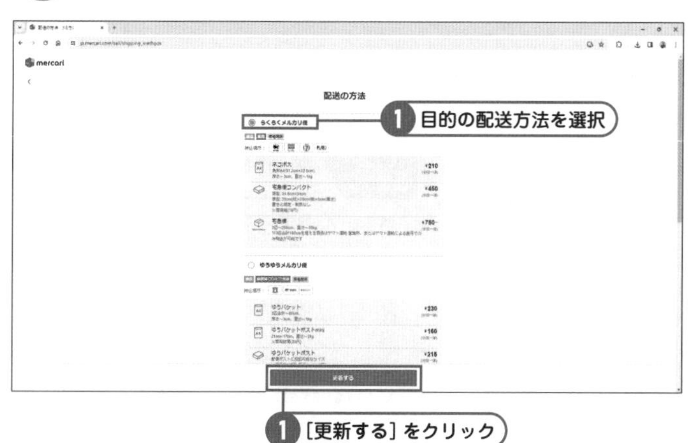

目的の配送方法を選択し、［更新する］をクリックします。ここでは、［らくらくメルカリ便］を選択します。

ヒント 梱包・発送たのメル便が利用できる

ブラウザ版のメルカリでは、「梱包・発送たのメル便」の利用が可能になりました。梱包・発送たのメル便は、大きな商品を匿名配送できるサービスで、商品の梱包から搬出、配送、搬入、開梱設置まですべておまかせできます。開梱した際にでる段ボールや緩衝材なども回収してもらえます。料金はサイズによって設定されていて、全国一律です。

発送元の地域と発送までの日数を設定する

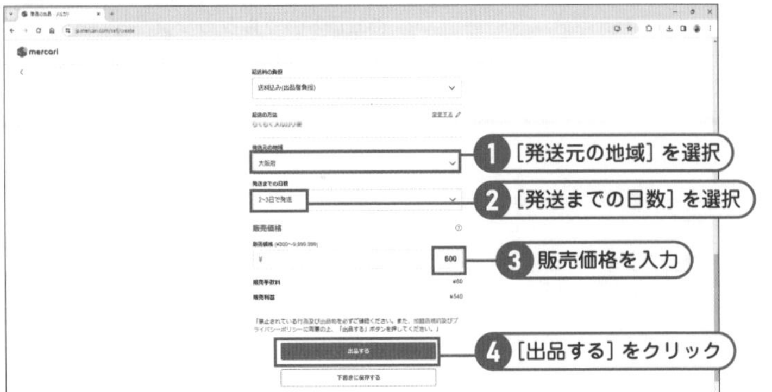

⑫ [発送元の地域] と [発送までの日数] を選択し、販売価格を入力して、[出品する] をクリックします。

商品が出品された

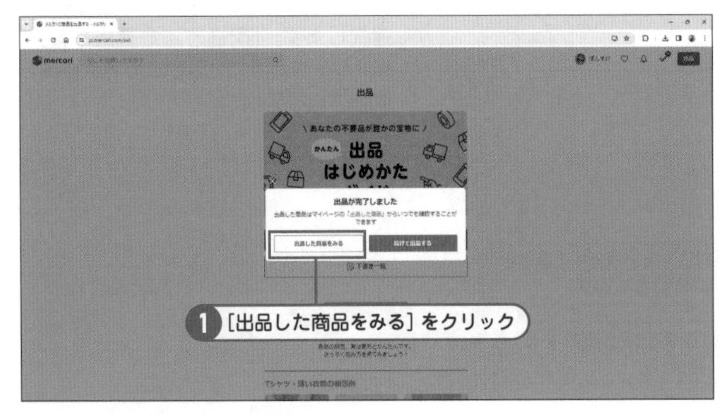

⑬ 商品が出品されました。商品の画面を確認するには、[出品した商品をみる] クリックします。

出品された商品を確認する

⑭ 出品した商品の画面が表示されます。

チェック 商品情報を編集する

値下げなどで出品後に商品情報を編集するには、画面右上のアカウント名をクリックし、表示されるメニューで [出品した商品] を選択して、目的の商品をクリックして商品の画面を表示します。[商品の編集] をクリックすると商品情報の編集画面が表示されるので、販売価格などの情報を編集し、最下部にある [変更する] をクリックして情報を更新します。

6章

メルカリで成功するためのノウハウ

メルカリには、あらゆるカテゴリーの物が無数に出品されています。その中から自分の商品を購入してもらう、そのきっかけは商品写真だったり、商品説明の一言だったりします。ちょっとしたポイントに気を配るだけで、商品の売れ行きが変わってくるなら、そういったテクニックを知っておいた方がいいですよね。この章では、商品の購入、商品写真、出品、梱包・発送について、得するためのちょっとしたテクニックを解説します。

43 購入で得するノウハウ

メルカリを利用するなら、いい物を安く安心して手に入れたいですよね。安く購入するテクニックは、値下げ交渉だけではありません。検索や購入するタイミングなど、ちょっとしたポイントを押さえておくだけで、簡単に安い商品を見つけることができます。

検索のコツ まとめ売りがねらい目

まずは、検索ボックスに「(商品名またはカテゴリー名)」を半角スペースでつないで「まとめ売り」と入力して検索してみてください。同じカテゴリーの物をまとめた商品が表示されます。多くの場合、「子供が遊ばなくなった」、「着られなくなった」などの理由でまとめて処分してしまいたいときに出品されます。中にはお宝が紛れているかもしれません。商品写真を根気強く確認してみましょう。

▲まとめ売りの商品がたくさん検出されます

検索のコツ 引っ越しをキーワードに検索

物を処分するタイミングのひとつに引っ越しがあります。検索キーワードに「引っ越し」や「引っ越し処分」、「引っ越し引き取り」と入力して、検索してみましょう。引っ越しには期限があるため、まだまだ使えるものに比較的安い価格が付けられています。しかも、引っ越しが多いのは年度末や四半期末と狙いを定めやすいのも特徴です。

▲「引っ越し」で検索すると安い家具や家電がたくさん検出されます

検索のコツ　半年以上売れていない商品はねらい目

商品説明の末尾には、その商品説明が最後に更新されてから経過した時間が表示されています。その表示が「半年以上前」になっている商品は、ほとんど忘れられている状態といっていいでしょう。経過時間が長い程、出品者の期待も薄れていると推察できるため、値下げ交渉に応じてくれる可能性があります。まずは、出品者にあいさつして、その商品を購入できるかどうかを確認してから、値下げ交渉をすると良いでしょう。

◀［半年以上］と表示されている商品には値引き交渉してみましょう

検索のコツ　欲しい物の検索条件を保存

欲しいものが決まっている場合は、１度の検索でその商品が表示されるキーワードをできるだけ詳しく確認しましょう。検索キーワードを確認できたら、そのキーワードを検索条件として保存します。検索キーワードを保存すると、そのキーワードに該当する新しい出品があった場合に、メールやSMSで通知されます。安くて良い品質のものが出品されときに、チャンスを逃さず購入できます。

▲検索条件を保存して同じキーワードでの検索を楽にしましょう

検索のコツ　もちろん送料は出品者負担

メルカリでは、配送料を出品者が負担し、配送料の分だけ価格を割高にする傾向にあります。しかし、中には商品の販売価格を安く見せるために、配送料を購入者負担（着払い）にしているケースもあります。購入後に購入者による配送料負担に気付くと、とても損した気分になります。このようなことを避けるためにも、検索結果が表示されたら、［絞り込み］画面の［配送料の負担］で［送料込み（出品者負担）］を選択して絞り込みましょう。

▲［送料込み（出品者負担）］で商品を絞り込みましょう

知っておきたいコト　プロフィールを必ず確認する

プロフィールには、そのユーザーの値下げ交渉への対応や商品の取り置き可/不可、コメントしてから購入/即購入OKなど、取引へのスタンスが書かれていることがあります。そのような場合、プロフィールを読まずに、ユーザーの禁止行為をしてしまうとトラブルになる可能性もあります。逆に「値下げ交渉あり」などと記載してある場合は、積極的にアプローチしてみましょう。商品を購入する前には、必ずプロフィールに目を通し、気持ちよく取引できるかどうかを判断しましょう。

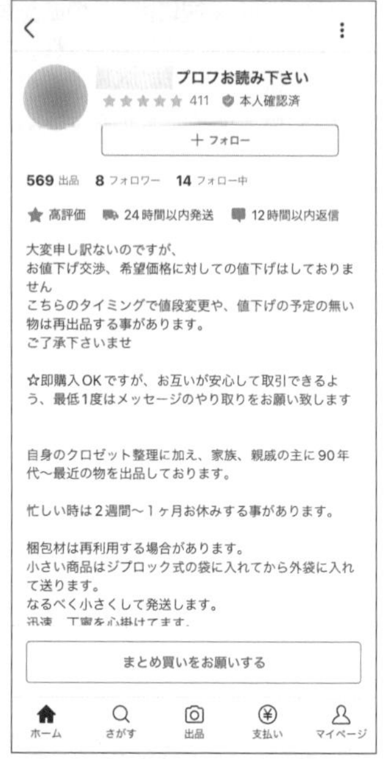

プロフィールには取引についてさまざまな注意事項が書かれています▶

買い方のコツ　まとめ買いを提案する

まとめ買い依頼機能には、希望価格を登録して値引きを申請できる機能が用意されています。出品者としては、複数の商品が売れるうえにまとめて発送できるメリットがあります。また、購入者は、商品をまとめて購入することで値下げを期待できます。値下げしてもらうためにまとめ買いを依頼する必要はありませんが、欲しいものが複数ある場合、まとめ買いは大きなメリットになります。

▲まとめ買いして、値引きしてもらいましょう

買い方のコツ　[いいね！]を付けて値下げを待つ

商品に[いいね！]を付けるのは、気になる商品にチェックを付けておくというだけではありません。商品に[いいね！]を付けると、値下げされた場合に通知を受け取れるようになります。気になる商品には必ず[いいね！]を付けておくと良いでしょう。ただし、[いいね！]が多くついている商品は、競争倍率が高いため値下げされたとたんに売れてしまうケースもあります。人気のある商品は、注意してみておく必要があります。

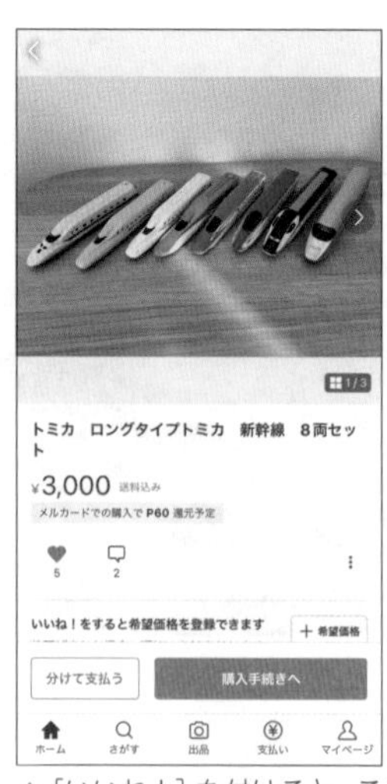

▲[いいね！]を付けると、この商品の価格が下がった時に通知されます

買い方のコツ　季節外れの商品を狙う

スキー用品は、夏に安くなる傾向があるのと同じように、メルカリでもオフシーズンの商品は安くなる傾向があります。真冬に半袖のTシャツは、買いたいと思わないですよね。だからこそ、安くなります。根気強く、気に入った商品を探してみましょう。なお、値下げされた商品は、送料が購入者負担になっている場合があるため確認しましょう。

買い方のコツ
昼は掘り出し物を夜は本命を探そう

メルカリへのアクセスが増えるのは、18時から23時くらいまでで、その時間帯に合わせて、多くの商品が出品されます。欲しいものが決まっている場合は、夜の商品が多い時間帯に探すと気に入った商品が見つかるかもしれません。逆に昼間に出品されるものは、"高く売ること"にそれほど熱心でないケースが多く、掘り出し物に当たる可能性もあります。1日のユーザーの流れを読んで、メルカリを利用すると、お得に商品を購入できることがあります。

メルカリにアクセスが多い時間帯

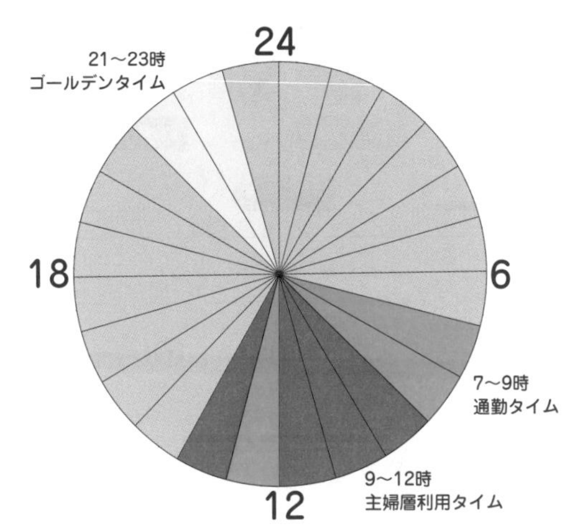

値下げ交渉のコツ
値下げ交渉の幅は10%まで

多くの商品では、値下げ交渉される前提で販売価格を設定しています。しかし、想定を超える安い金額で値下げ交渉されると、出品者からブロックされたり、出品を削除されたりすることもあります。一般的に、値下げ交渉では、販売価格の10%引き程度が妥当とされています。しかし、高額商品になるほど、10万円の商品なら1万円と10%の金額は大きくなり、値下げ交渉を断られる可能性もあります。そのようなときは、端数を割り引いてもらったり、キリの良い金額まで割り引いてもらったりするよう依頼してみると良いでしょう。

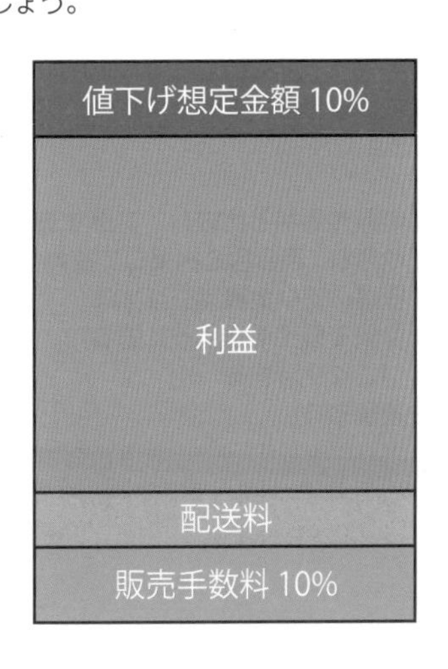

値下げ交渉のコツ 具体的な金額を伝えよう

値下げ交渉で喜ばれない質問に、「値下げ可能なら、どのくらいまで下げられますか？」というのがあります。出品者からすると、「いくらなら買ってくれるんですか？」と聞きたいくらいです。値下げ交渉する際には、出品者に希望する具体的な金額を示しましょう。かといって、「1200円なら即決します」と販売を強引に迫るようなことは避けましょう。値下げ交渉は、しつこくならないように、丁寧に対応するのが近道です。

値下げ交渉のコツ NG行為を抑えておこう

値下げ交渉では、販売価格を下げるかどうかを決めるのは、出品者だということを覚えておきましょう。出品者をイライラさせてしまわないように、次のような行為には気を付けましょう。

- **他の商品の販売価格と比較して交渉する**
- **商品の傷や汚れ、不具合を指摘して交渉する**
- **いきなり極端に安い金額で交渉する**
- **指定した金額で販売するように迫る**
- **何度もしつこく交渉する**
- **出品者を攻撃する**

良い物を買うコツ 出品者をフォローしよう

自分の趣味やニーズに合った物を出品している出品者を見つけたら、フォローしましょう。出品者をフォローすると、そのユーザーの商品一覧をすぐに見られるようになる他、そのユーザーが新しく出品すると［お知らせ］に通知が届くようになります。出品者にとってもリピーターが増えることは嬉しいことです。出品者をフォローして、趣味が合う商品を効率よく購入してみましょう。

▲ユーザーをフォローすると、そのユーザーの新規出品が通知されるようになります

お得に買うコツ　メルカード会員になろう

「メルカード」は、メルペイが発行しているJCBのクレジットカードです。メルカードの会員になると、メルカリの利用にお得な特典が付いてきます。メルカリでの支払いにメルカードを選択すると、1～4%のポイント還元が受けられます。また、毎月8日にはさらに8%（上限300ポイント）の還元率が加算され、ポイント還元率が最大12%になります。支払い方法にメルカードを選択して、お得に商品を購入しましょう。

お得に買うコツ　クーポンやキャンペーンを活用する

メルカリでは、随時キャンペーンを開催したり、クーポンを配布したりしています。これらを活用すると、商品を安く購入することができます。キャンペーンに参加すると、購入条件などの条件を満たせば、メルカリポイントを付与されたり、クーポンを獲得できたりします。また、クーポンには、購入用と出品用が用意されていて、購入用では販売価格から指定された割合をメルカリポイントで還元したり、値引きしたりすることができます。また、出品用には、販売手数料クーポンと配送料クーポンが用意され、クーポンを利用した取引が終了後、メルカリポイントで還元されます。［お知らせ］に届く通知をこまめにチェックして、キャンペーンやクーポンをお得に利用してみましょう。

SECTION Key Word 商品写真撮影のノウハウ

44 商品写真をきれいに撮るノウハウ

商品写真は購入者が唯一商品を確認できる手段で、第一印象を決定づけます。そのため、商品写真の良し悪しが売上を大きく左右します。しかし、商品写真は、ポイントを踏まえれば、誰でも簡単に撮影できます。ここでは、商品写真撮影のコツを解説します。

撮影の基本　どんな写真が良い商品写真なのか知っておこう

良い商品写真は、商品がはっきり写っていて、その状態を正しく伝えられる写真です。背景は白い壁などシンプルにして、基本的に商品だけを真ん中に大きく写すのが基本です。影になると商品の色が正しく伝えられないため、全体にまんべんなく光が当たる状態にして、自然光の中で撮影しましょう。

1　真ん中に商品がはっきり写っている

「良い写真」は、用途によって違っています。例えば、ポートレートでは、瞳にピントが合って、人物が部分的に多少ぼやけていても、その人の魅力を引き出せれば良い写真です。しかし、商品写真の場合は、商品が一部でもぼやけていては良い写真とは言えません。画面の真ん中に商品全体の形や色がはっきりと見え、商品の状態がよくわかることが優先されます。

◀商品が真ん中ではっきり写っている写真

◀商品の周囲が少しぼやけて、ふんわりした感じがします

2　背景は白が基本

前述したように、商品写真では、商品の色・形・状態を正しく伝えることが大切です。そのため、背景はシンプルで、白を基調としていると良いでしょう。白い背景は、色を反射して、間接照明代わりにもなるメリットもあります。また、商品以外の物は極力置かないようにし、置いてもサイズがわかるような小物を置いておく程度にとどめましょう。

▲背景がごちゃごちゃしていてランプの状態がわかりません

▲背景がすっきりしてランプの状態がよくわかります

3　照明と直射日光は基本的に×　自然光がベスト

LEDなどの照明の光には、「電球色」や「蛍光灯色」のように色が付いています。そのため、照明の下で商品写真を撮ると、赤や青っぽい写真になってしまいます。室内の照明は消してから撮影しましょう。また、直射日光の場合は、強すぎて白飛び（色が白く塗りつぶされること）が起きたり、影ができたりするので避けましょう。晴れまたは薄曇りの日に窓から入ってくる自然光で、撮影するのがベストです。

▲左から自然光、電球色（LED）、蛍光灯色（LED）

4　逆光またはサイド光でレフ板を使う

光源が商品の正面にある順光で撮影すると、商品が平面的に映りやすく、立体感が出せません。しかし、逆光やサイド光だけで撮影すると、影が出すぎて色や輪郭が犠牲になってしまいます。こんな場合は、弱い逆光またはサイド光にレフ板を加えて撮影すると良いでしょう。逆光またはサイド光になるように商品を配置し、影になる部分に光が当たるようにレフ板を置きます。すると、影が薄くなり、立体感を保ったまま、しっかりと色や輪郭を写すことができます。なお、レフ板には、白い発泡スチロールのボードやアルミホイルを段ボールに巻き付けたものを使うと良いでしょう。

▲レフ板を使わないと陰影が強く、少し暗い印象になります

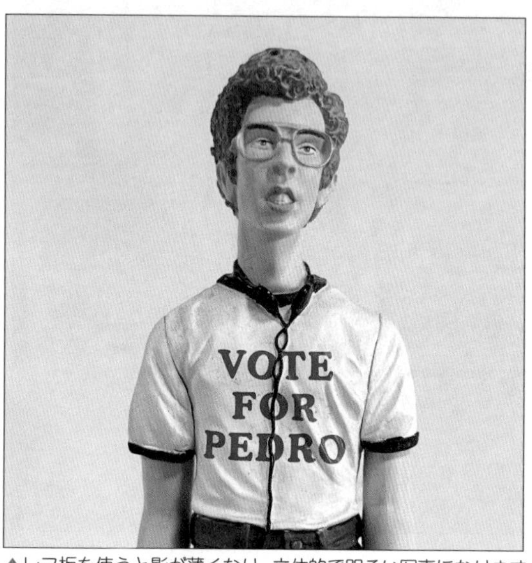

▲レフ板を使うと影が薄くなり、立体的で明るい写真になります

5　至近距離からの撮影は×　少し離れたところから真ん中に商品全体が入るように配置

商品写真を撮る際には、大きく写そうとして商品に近寄りがちです。しかし、至近距離から撮影すると、自分の影が入りやすい上に、映った商品がレンズの収差でゆがんでしまいます。特に至近距離から広角レンズを使って撮影すると、露骨に形がゆがんでしまいます。この場合は、少し離れた場所から、商品全体が画面の真ん中に来るように配置し撮影します。

▲至近距離から撮影すると全体的に丸くゆがんで写ります

▲距離を取って中央の商品を切り抜くと真っすぐ撮れます

見せ方のコツ　写真はアングルを変えて10枚以上掲載しよう

1枚の写真だけでは、商品の詳細を伝えることはできません。商品写真の1枚目は、商品全体を把握してもらうために奥行きが写るように、斜めから撮影した写真にしましょう。写真を拡大して、詳しく見てもらうために、商品の両側面、前面、後面、上面、底面を正面から撮影した写真を掲載します。この時、光の方向が変わらないように、カメラは動かさず商品の向きを変えて撮影します。次に、傷、汚れ、不具合のある部分をアップで撮影したものを掲載しましょう。そして、余力があれば、使用時の写真やイメージ写真を掲載します。

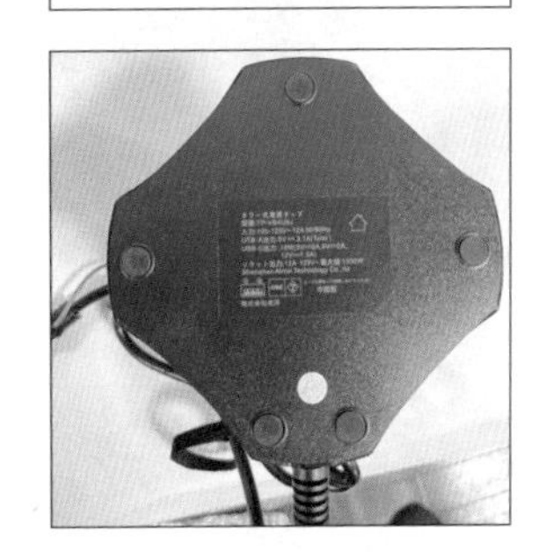

見せ方のコツ　影や光が映り込まないためのテクニック

商品写真の撮影をする際に悩ましいのが自分の影や照明の映り込みです。これは、照明が点いている室内で、テーブルや床に置いて上から撮影しているために起こります。まず、照明を消しましょう。明るい窓際に白い模造紙やシーツで白い背景を作成し、横から撮影します。平たい商品の場合は、立てかけましょう。

▲テーブルの上に置いて撮ると照明や自分の影が映り込みます

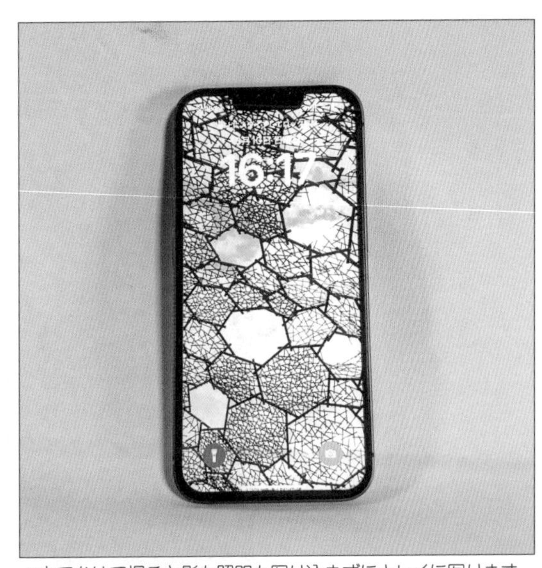

▲立てかけて撮ると影も照明も写り込まずにキレイに写ります

見せ方のコツ　購入者の気持ちになろう

購入者が商品を選ぶ際に、「買いたくない」と思うのは、汚れている商品です。出品の際には、購入者の購買意欲を高めるために、商品はきれいにしてから撮影しましょう。シャツやコートなどは、床に置いて撮影するとシワができやすく、影によってシワが強調されてしまいます。できれば洗って、アイロンでシワを伸ばし、ハンガーで吊るし撮影すると良いでしょう。

▲シャツを置いて撮影するとシワになりやすく影が強く出ます

▲吊るして撮るとシワも消えてきれいに写ります

見せ方のコツ　ロゴや商品名、品番などはアップで撮ろう

ブランド物は、購入者に信用されなければ売れません。ロゴやシリアル番号は、アップで写ったものを掲載します。購入時に入っていた箱や説明書などもあれば、撮影して掲載しましょう。それらがあるだけで、商品の信頼度も価値も上がります。また、家電などは背面や底面に商品名や品番などが記載されたシールが貼ってあります。このシールをわかるように撮影しておきましょう。

45 出品で得するノウハウ

商品を売るには、購入者に「買いたいな」と思わせる演出が必要です。タイトルや商品説明での言葉の選び方、センテンスの順番などちょっとした工夫で、購買意欲を高められます。他の商品を参考にしながら、商品を売るためのコツを習得しましょう。

売るためのコツ　売れた他の商品を参考にしよう

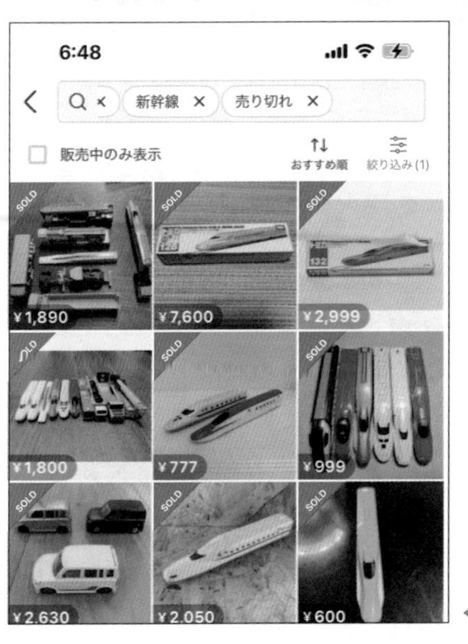

◀同じ商品のタイトルか商品説明を参考にしよう

出品する前には、売れた同じ商品を検索してみましょう。商品写真やタイトル、商品説明に記載してあることをチェックし、売れたポイントを確認しましょう。商品の状態や価格をチェックするのはもちろん、タイトルや商品説明がどのように書かれているのかを確認します。なお、過去に売れた商品の説明やタイトルをコピーすることはメルカリの規則で禁じられています。発覚した際には、商品の取り消しやアカウント停止などの処分があるため、参考にするだけにしましょう。

タイトルのコツ　【格安】【美品】などタイトルでお得感を演出する

購入者は、商品写真の次にタイトルで情報収集します。その際、できるだけ安い上にキレイで新品に近い商品を探そうとします。タイトルを作成する際には、【格安】や【美品】など、目に付くキーワードを【 】や☆などで囲んで先頭に記載しましょう。商品写真とタイトルで好印象を演出できれば、商品写真をしっかり読んでくれるはずです。

タイトルのコツ　商品の品番や正式名称を書く

【第３世代】iPhoneSE 64GB ミッドナイト MMYC3J/A

¥41,000 送料込み

メルカードでの購入で **P820** 還元予定

いいね！　コメント

例えば、「iPhone」には、iPhone 14やiPhone 13 Pro、iPhone SEなどがあります。さらに2024年3月現在、iPhone SEには、第1世代〜第3世代まであります。タイトルには、商品名と製品番号を記載しましょう。製品番号は、その製品に付けられた固有の番号なので、機種を特定できます。商品を購入してもらうには、まずは商品ページにアクセスしてもらわなければ始まりません。商品名、製品番号は正しく記載しましょう。

タイトルのコツ　タイトルでまとめ買い値引きを宣言する

まとめ買い割引 眉毛 眉 まゆ毛 シール アートメイク ティント タトゥー

¥1,200 送料込み

メルカードでの購入で **P24** 還元予定

いいね！　コメント

「まとめ買い値引き」は、出品者も購買者も得する素敵なキーワードです。購入者がまとめ買いしてくれることで、1度に2つ以上の商品を売ることができ、まとめて配送もできて配送料が半分になります。購入者は、気に入ったものを安く手に入れることができます。複数の商品を出品していて、まとめ買いで割引しても構わないと考えている場合は、商品のタイトルに【まとめ買い値引き】と記載しておきましょう。

タイトルのコツ　勝手にセールを開催しよう

⭕限定SALE‼ 12歳。 全20巻

¥2,500 送料込み

メルカードでの購入で **P50** 還元予定

いいね！　コメント

【大特価】レディース　グレー　トレーナー　スウェット　XL　長袖　韓国　ロゴ

¥1,880 送料込み

メルカードでの購入で **P37** 還元予定

いいね！　コメント

商品の安さをウリにしたいときは、タイトルに【大特価】や【セール】といったキーワードを入れておくと良いでしょう。ただし、タイトルに【セール】や【大特価】とあっても、お得感を感じてもらえなければ購入には至らないでしょう。商品説明で、正規の販売小売価格や、「値引き交渉可」や「まとめ買い値引きOK」などと記載して、お得感を演出しましょう。

プロフィールのコツ プロフィール欄をしっかり書いて安心感を与えよう

メルカリでの取引は、相手の顔が見えないため、プロフィールが大変重要になります。具体的な個人情報を記載する必要はありませんが、年齢や性別を記載しておくと、イメージしやすいかもしれません。また、子供服やおもちゃを出品している出品者がプロフィールに「大阪在住で5歳の子供がいます」と書くと、人物像をイメージでき購入に結び付く可能性があります。

7:14

プロフィール設定

自己紹介文

はじめまして
ご覧いただきありがとうございます
４歳の子供がいるため、子供のおもちゃや子供服を中心に、家電、パソコン周辺機器も出品しています。

値下げ交渉OK!
値下げ後にさらなる値下げはご遠慮いただきます。
専用は作りません。
値下げ交渉中でも、早い者勝ちで購入手続きされた方にお売りします。
よろしくお願いします。

160 / 1000

更新する

プロフィールのコツ プロフィールに値下げやコメントへの考え方を書いておく

出品する商品が多い場合は、出品するたびに、「値下げ交渉可」や「即購入OK」などと記載するのは手間がかかります。出品や値下げ交渉、配送方法などの考え方は、プロフィールに記載しておくと、出品にかかる手間や時間を省くことができます。また、取引についての考え方を記載しておくと、取引の質問が来た時に「まずプロフィールを読んでください」と伝えてトラブルを避けることもできます。なお、プロフィールに取引についての考え方を記載する場合は、アカウント名に「プロフ必読」と記載すると良いでしょう。

はじめまして
ご覧いただきありがとうございます
４歳の子供がいるため、子供のおもちゃや子供服を中心に、家電、パソコン周辺機器も出品しています。

値下げ交渉OK!
値下げ後にさらなる値下げはご遠慮いただきます。
専用は作りません。
値下げ交渉中でも、早い者勝ちで購入手続きされた方にお売りします。
よろしくお願いします。

閉じる ^

プロフィールのコツ　プロフィール写真で印象付けよう

7:17

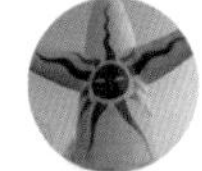

ぽんすけ
★★★★★ 10 本人確認済

プロフィールを編集する

2 出品　0 フォロワー　1 フォロー中

メルカリでの取引では、相手が見えず、漠然とした不安があります。プロフィールは、相手を知るための唯一の方法です。プロフィール写真が掲載されていれば、相手をイメージすることができ、ちょっとした安心材料となります。プロフィール写真に顔写真を掲載する必要はありません。子どもや犬、趣味のプラモデルなど、自分を象徴する写真を登録しましょう。

商品説明のコツ
商品説明の基本を知っておこう

商品説明は、商品写真を補完し、商品の情報とその状態を正確に伝えるための文章です。わかりやすく、読みやすく、すばやく読めるように記述することが優先されます。不要な表現や感想などを削除し、簡潔に商品の状態を記述することが求められます。特にメーカーから公表されているスペックやサイズなどは、箇条書きにしてわかりやすく記載しましょう。また、キズや汚れがある商品では、その位置や程度について触れましょう。使用した期間や誰がどのように使用したのかなどの記載があると親切です。

<

Apple Watch シリーズ2 ローズゴールド
¥10,000

商品の説明

Apple Watch Series 2 GPSモデル

ご覧いただきありがとうございます。
動作確認済みです。

サイズ　アルミニウム42mm
カラー　ローズゴールド
専用充電ケーブル付属
別途購入したピンクのバンドをお付けします。
初期化、アクティベーションロック解除済み

Suicaを使用して、電車の乗降に使用していました。
使用感があります。
スレ、細かいキズなどがありますので、ご理解いただける方のみご購入ください。

3日前

説明文のコツ
数字を使って具体性を持たせる

メルカリでは、商品を手に取って確認できないため、商品説明で商品を具体的にイメージしてもらえるように、具体的に説明しなければなりません。例えば子供服を出品する場合、「このシャツは、ほとんど着たことがないためキレイです」といっても、「ほとんど」の内容が人によって異なります。しかし、「このシャツは、七五三の時に1度着ただけで、サイズアウトしてしまいました」と書くと、ほぼ新品だと伝わってきます。カメラのシャッター回数やAndroidスマホのサイクル回数などの数値も、購入の判断基準となります。商品説明は、数字を使ってできるだけ具体性を持たせると良いでしょう。

説明文のコツ　デメリットを先にメリットを後に書いて良い印象にする

ビジネストークで、自社製品に良い印象を残すために、最初にデメリットを伝えた後にメリットを伝えるという手法があります。例えば、「消費電力が少し高いですが、音質はいいんですよ」というと、「音質がいい」というメリットが強調されます。逆に先にメリットを伝えて後からデメリットを伝えると、悪い印象になってしまいます。商品説明も同様で、「新品同様ですが、4、5回着ました」と書くよりも「4、5回ほど着ましたが、新品同様です」と書いた方が好印象です。

デメリット　4～5回ほど着ましたが

メリット　新品同様です

▲デメリットを先、メリットを後に書くと商品の印象が良くなります

説明文のコツ　キズや汚れについては積極的に記載しよう

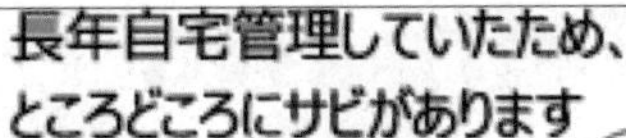

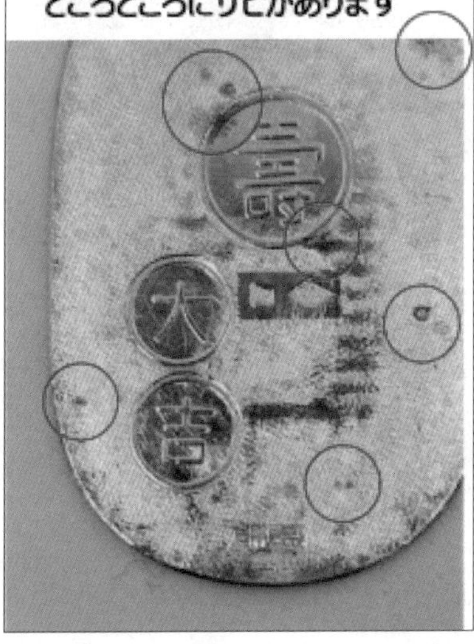

商品説明で最も気を使うのは、キズや汚れの記述でしょう。「中古品ですので、キズや汚れがあります。気になる方は購入をお控えください」と記載するのは、ひとつの方法ですが、購買意欲を削いでしまいかねません。「底面についているキズにつきましては、使用時に付いたもので、使用に問題ありません」と一言記載してあれば、キズを認識したうえで購入を検討してもらえます。特に目立ったキズや汚れについては、経緯やその影響について言及するとキズや汚れについては、積極的に記載しておくと親切です。

説明文のコツ　写真を見てもわからないことを書く 原材料・使用期間・付属品

商品の詳細
本体 / フード裏地：コットン 87%、 ポリエステル 13%
リブ部分：コットン 98%、 スパンデックス 2%
洗濯機洗い可能
表示カラー：クリーム 2

商品説明には、原材料や使用期間、付属品など、写真を見てもわからないことを書いておきましょう。商品写真を見ただけでは、シャツの素材がコットンなのかポリエステルなのかは判断できません。また、スマホやデジタルカメラの使用期間も見た目だけでは判断できません。特にサプリや食品、衣類など、健康に影響のあるものについては、必ず素材や原材料を記載しておいた方が良いでしょう。また、付属品がある場合、ない場合でも、付属品の有無やその状態について書いておきましょう。

説明文のコツ　サイズは詳細に、正確に

M：サイズ
着丈 67.5
胸囲 108
裾幅 45
肩幅 52
袖丈 62

洋服のサイズは、「Mサイズ」と書くだけでもイメージできますが、「肩幅」や「着丈」の寸法を書いておくと親切です。また、外国製の衣類や靴などは、サイズの表記方法がさまざまで困ってしまいます。また、同じサイズでもメーカーによってその大きさが微妙に異なります。このような場合は、まずメーカーのWebサイトに記載されているサイズの換算表を確認しましょう。商品説明には、USサイズと日本のサイズを併記しておくと親切です。また、メーカーによる微妙な違いも、「サイズよりも少し大きめです」など記載しておくとより良いでしょう。

説明文のコツ　禁止表現を知っておこう

　メルカリでは、商品に問題があっても返品に応じないことを意味する「ノークレームノーリターン」や「返品不可」、「ノーキャンセル」などの記載を禁止しています。この規則に違反した場合、取引キャンセルや商品削除、利用制限などの措置が取られる可能性があります。もし、商品に不具合があった場合、商品説明に「ノークレームノーリターン」などの記載があっても、出品者は返品に応じなければなりません。しかし、このルールに乗じた「商品すり替え詐欺」が横行しています。商品を発送する際には、商品のすり替えに備えて、梱包前後の証拠写真を撮って備えましょう。

No Claim No Return
No Cancel
返品不可

説明文のコツ　文末にハッシュタグをつけた検索キーワードを入れる

　商品を少しでも早く売るには、できるだけ多くの人の目に触れることです。そのためには、検索結果に表示されることが大切です。検索結果に表示されるための工夫として、説明文の末尾に、キーワードの先頭に「#(ハッシュ)」を付けてハッシュタグとして登録しましょう。キーワードをハッシュタグとして登録しておくと、該当するキーワードで検索されると、検索結果に表示されやすくなります。ハッシュタグを登録する場合、検索されやすい商品に関連するキーワードを片っ端から入力すると良いでしょう。ただし、商品とは無関係なキーワードを登録すると、ペナルティの対象となります。

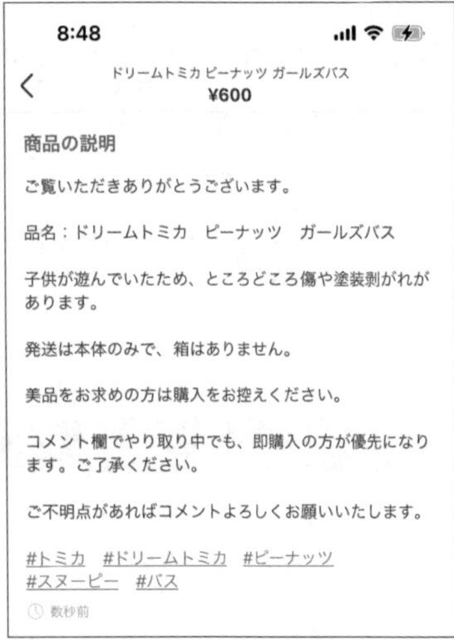

▲ハッシュタグを入れて検索されやすく工夫しよう

出品のテクニック　出品者向けのクーポンを使う

　メルカリは、販売手数料や配送料を安くできる出品者向けのクーポンを発行しています。販売手数料クーポンは、商品を出品する際に商品情報の登録画面の［クーポン］に表示されている［クーポンがあります］をクリックし、クーポンの利用を設定します。配送料クーポンは、キャンペーンなどで配布され、獲得条件などをクリアすると取得できます。販売手数料クーポン、配送料クーポン共に、取引が完了したタイミングにポイントが付与されます。クーポンを利用して楽しく得してみましょう。

・販売手数料クーポン

出品のテクニック　同じカテゴリーの商品を出品し続ける

常に子供服を出していると子供服が欲しいリピーターが付きます。

「使わなくなった子供のおもちゃ」や「着なくなったTシャツ」など、同じカテゴリーの商品を繰り返し出品すると、ニーズが同じ購入者がリピーターとなって購入してもらえる場合があります。リピーターが付くと、ある程度売上が安定します。継続的に出品できるカテゴリーを探してみましょう。

出品のテクニック　出品するタイミングを見計らう

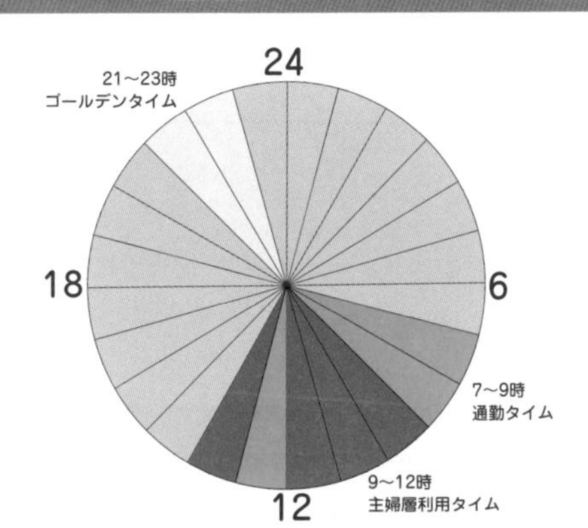

メルカリでの取引が最も多い時間帯は、22時前後で「ゴールデンタイム」と呼ばれています。つまり、この時間帯に出品すると、多くの人の目に留めてもらえる可能性があるわけです。当然、出品も殺到するので、どんどん新着商品が流れてきて、自分の商品は他の商品の中に埋もれてしまいます。しかし、タイトルや商品写真で目立つことができれば、これほどチャンスの多い時間帯はありません。また、通勤時や昼休みの時間帯は社会人が、9時～14時くらいまでは主婦層の利用が多いのが特徴です。自分の商品がどの購買層に当てはまるのかを考えて、適切な時間帯に出品してみましょう。

出品のテクニック　発送までの日数を早めに設定する

発送までの日数

1~2日発送にすると、他の設定よりも平均40時間以上早く売れます。

1~2日で発送 ✓

2~3日で発送

4~7日で発送

多くの購入者は、商品を1日でも早く受け取りたいと思っています。もし、発送の都合が合うならば、発送までの日数で［1～2日で発送］を選択しましょう。すばやく発送できれば、購入者の印象も良くなり、次回の取引につながるかもしれません。この場合、いつ購入されても発送に対応できるよう、出品時にはすでに商品を梱包しておくと良いでしょう。

出品のテクニック 売れる価格の付け方

ショップでは、「1980円」や「3980円」という、大台の金額より20円安い金額をよく見かけます。実際、「2000円」の商品と「1980円」の商品のどちらを買うかと問われれば、やはり少しでも安い方を選択する確率が高いでしょう。つまり、たった「20円」だけですが、視覚的に安値を演出できます。販売価格の付け方に迷ったら、大台割れの価格を付けてみましょう。

出品のテクニック 自動価格調整機能を利用しよう

出品しても商品がなかなか売れないときには、自動価格調整機能を有効にして、毎日100円ずつ値下げしてみましょう。自動価格調整機能は、400円以上の商品に適用でき、指定した最低販売価格に達するまで、毎日100円ずつ値下げする機能です。値下げを考える時間と値下げする手間を省くことができて便利です。なお、値下げしたことは誰にも通知されないため、ある程度注目されている商品に有効といえるでしょう。

販売価格
¥300-9,999,999
¥600
販売手数料 (10%)
¥60
販売利益
¥540
出品中に自動で価格を調整する
設定した最低販売価格まで、毎日¥100ずつ自動で値下げします
最低販売価格
¥400
販売手数料 (10%)
¥40
販売利益
¥360
自動価格調整について

出品のテクニック オマケを付けて出品する

他の商品との差別化には、オマケを付けるという方法があります。その商品に関連するオマケであれば、購入者にとっては嬉しいオマケになり、購入してもらえる可能性は上がるでしょう。しかし、商品とはまったく関係のないオマケであれば、購入者にとっていらない物が増えてしまうかもしれません。オマケについては、値下げ交渉のときに購入者に聞いてみてもいいでしょう。

出品のテクニック　まとめ売りにチャレンジする

同じカテゴリーの商品をまとめ売りしてみましょう

子供のおもちゃや子供服、化粧品など、同じカテゴリーの商品を一度にたくさん出品する「まとめ売り」には、コレクターやせどり狙いのユーザーが常に目を光らせています。まとめ売りすると、見た目のボリュームが増えてお得感も満たされるでしょう。まずは、まとめ売りするための商品を探して、まとめ売りにチャレンジしてみましょう。

コメントのコツ　コメントが付いたらできるだけ早く対応する

商品にコメントが付いた場合、質問したユーザーが商品に興味を持っています。購買者に購買意欲があるうちに、コメントにはできるだけ早く対応しましょう。また、コメントは、あいさつから始め、丁寧に対応しましょう。丁寧に対応することで、購入者の信頼を勝ち取ることができます。

コメントのコツ　値下げ交渉をうまく断るには

・値下げ交渉を断る際の例文

コメントありがとうございます。現在の販売価格は、値下げを考慮した金額になっています。これ以上の値下げは難しい状況です。ご理解ください。

・プロフィールに記載する値下げ交渉不可の例文

プロフィールをご覧いただきありがとうございます。出品している商品につきましては、値下げ交渉には対応しておりません。ご了承いただきますようよろしくお願いします。

値下げを依頼してくるユーザーは、購買意欲が高い傾向にあります。しかし、値下げ交渉には応じたくないときは、ユーザーの購買意欲を削がないよう丁寧に、しかし毅然と対応し、必ず値下げ交渉を断る理由を記載しましょう。また、値下げ交渉されるたびに断るのがつらい場合には、プロフィールに値下げ交渉には応じない旨を書き込んでおくと良いでしょう。

発送テクニック　衣類は圧縮袋を使ってコンパクトにして送料を浮かせる

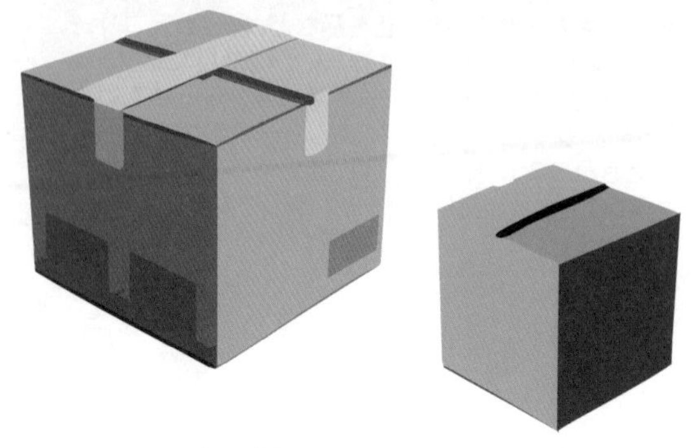

できるだけちいさな箱で
送れるように工夫しましょう

配送料は、荷物のサイズと重さによって変わります。衣類やタオル、毛布などは、圧縮袋を使って、できるだけコンパクトにしましょう。段ボール箱のサイズを小さくできれば、配送料も安くなり、その分利益も増えます。梱包する際には、少しでも荷物のサイズを小さくできるように工夫しましょう。

発送テクニック　梱包はキレイ、丁寧を意識してクレームを防ごう

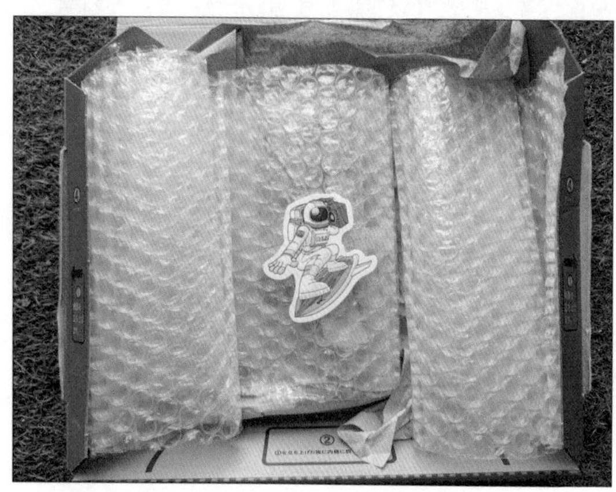

◀購入のお礼をかいたカードを入れておくと好印象です

取引は、商品が購入者の元に届いて、中身を確認し、互いに評価を終えるまで継続しています。梱包を雑にすると、配送中に商品が壊れたり、濡れたりする可能性があります。商品は、ある程度の水や衝撃にも耐えられるように、ビニール袋に入れたり、梱包材でくるんだりしましょう。また、商品をキレイに包み、購入者にお礼などのメモを書き添えるくらいの丁寧さが大切です。

発送テクニック　小さな部品や消費財は普通郵便で送る

◀匿名配送には、追跡も補償も付いていて助かりますが、アクセサリーや部品などを送るには大きいときがあります

イヤリングやピアス、指輪など小さな商品は、普通郵便で送った方が配送料が安くなります。ただし、普通郵便には、匿名配送や荷物の追跡、補償などが付いていません。サイズの小さな商品の配送方法については、購入者とコメントで話し合って決めましょう。

7章

メルカリのトラブル対処法

一般ユーザーが気軽に物品を販売でき、収入が得られるところがメルカリの魅力ですが、それゆえに失敗やトラブルが起こります。この章では、メルカリで起こりうるさまざまな失敗やトラブルについて解説します。また、失敗やトラブルを予防するための対策も提示しています。メルカリを気持ちよく使うためにも、どんなことに気を付ければ良いのかしっかり確認しておきましょう。

SECTION 46

Key Word メルカリ用語

初心者が覚えておきたいメルカリ用語

メルカリでは、公式に使われるメルカリ用語の他に、自然発生的に使われるようになったメルカリ用語があります。コメントやプロフィール、商品説明などで、ときどき記載されているので、用語の意味を確認しておくと良いでしょう。

「〇〇様専用／専用出品」

「〇〇様専用」や「専用出品」は、値下げ交渉の合意が取れた場合に、出品者が他のユーザーが購入しないように取り置きするための出品方法です。「〇〇様専用」と表示されている商品を購入できますが、「横取り」としてトラブルに発展する可能性もあります。ただし、メルカリの公式ルールとして、商品の購入は早い者勝ちのため、取り置き商品を別のユーザーが購入したとしても、購入したユーザーと取引を進めなければなりません。

「NCNR・3N」

「NCNR」は、「No Claim, No Return（ノークレーム、ノーリターン）」の略、「3N」は「No Claim（ノークレーム）」、「No Return（ノーリターン）」、「No Cancel（ノーキャンセル）」の3つをまとめたものです。これらは、中古品であることを理由に、商品に問題があっても対応しないことを意味しています。メルカリでは、ノークレーム・ノーリターンを記述することは禁止しており、違反が認められれば、利用制限などのペナルティがあります。Yahoo！オークションでは、禁止されていないことから、誤解がないように注意が必要です。

NCNR = No Claim No Return

3N = No Claim, No Return, No Cancel

「あいさつ不要」

購入後のメッセージのやり取りは不要という意味です。メルカリでは、出品者、購入者が互いに気持ちよく取引できるように、購入後のメッセージのやり取りを奨めています。しかし、このあいさつを省略したいユーザーは、プロフィールや商品説明に「あいさつ不要」を表明しています。取引前には、プロフィールや商品説明を、再度確認しておきましょう。

「いいね！不要」

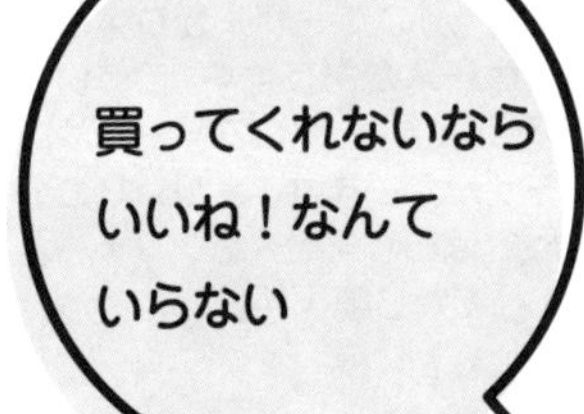

［いいね！］がたくさんついているのに、商品がなかなか売れないということがあります。出品者の中には、そういった状況にいら立ちを感じる人もいます。「購入意思のない人は［いいね！］しないで欲しい」との意味を込めて、プロフィールやタイトル、商品説明などに「いいね！不要」と記載されています。もちろん、個人のルールには強制力はありません。

「圏外飛ばし」

出品した商品が検索結果や新着商品のリストに表示されない状態のことです。禁止されている商品を出品したり、大量に同じ商品を出品したりした場合のペナルティとして、圏外飛ばしになるといわれています。なお、メルカリは、公式にはペナルティとして圏外飛ばしを行っていると発表していません。

「コメント逃げ」

値下げ交渉が合意し、出品者が価格を変更しても、購入者が購入しないことです。出品者が振り回されるため、コメント逃げは嫌われています。値下げ交渉が合意した場合は、基本的に購入手続きに移りましょう。また、何らかの事情で購入できなくなった場合は、出品者にその旨をコメントで伝えましょう。

「即購入禁止」

「即購入禁止」は、購入する際には、コメントでひとこと書き込みをしてほしいという意味です。値下げ交渉で合意し、値段を下げた途端、別のユーザーがコメントせずに購入手続きを進めるケースがあります。こういったことを防ぐために、「即購入禁止」とプロフィールや商品説明に記載しているユーザーがいます。メルカリの公式には即購入はルール違反ではありませんが、マナーとしてひとことコメントを入れてから購入手続きに入った方が良いでしょう。

「即購入可」

「即購入禁止」とは逆に「即購入可」を記載しているユーザーもいます。これは、値下げ交渉した結果、価格を下げても購入しない「コメント逃げ」を防ぐためです。「値下げ交渉で合意したら、すみやかに購入して欲しい」という意味を込めています。

「自宅管理品」

コレクターのように気温や湿度に気を配って管理していたわけではなく、普通の住宅で他の物と同じ扱いで管理、使用していたことを示します。「自宅管理品」と記載することで、ある程度の使用感があることを示唆し、軽微なスリ傷などがあることに理解を求めています。

「素人検品」

検品のプロではないユーザーが、一般的な見地から商品の状態を判断していることを意味します。素人の目には問題があるようには見えないけれども、マニアやプロの視点では問題があるかもしれないことを示唆しています。つまり、神経質な人は、購入を控えて欲しいと遠回しに伝えたいときに記載します。

「断捨離中」

文字通り断捨離している最中で、数多くの商品を出品している、または、これから出品することを指しています。「断捨離中」と記載のあるユーザーをフォローしておけば、気になる商品が出品されるかもしれません。

「着画」

実際に商品を着用した写真のことです。商品使用のイメージを描きやすいように、購入者が出品者に依頼します。

「取り置き」

後で購入することを約束して、商品を出品者に取り置いてもらうことです。出品者としては、後で購入する保証がないことから、リスクの高い行為です。プロフィールに「取り置き不可」と記載している出品者が増えています。

「バラ売り」

　まとめて出品されている商品から単品またはそのうちのいくつかを購入することです。単価が低い商品がまとめられていることが多く、バラ売りを依頼すると出品者に嫌がられることもあります。「バラ売り不可」にしている出品者も多いことから、プロフィールと商品説明をよく確認してからバラ売りを依頼しましょう。

「プロフ必読」

取引する場合にはプロフィールを必ず読んで欲しいということを示しています。ユーザーネームに「プロフ必読」と表示されているユーザーは、プロフィールに「値下げ交渉不可」や「即購入不可」などの独自ルールや取引に対するスタンスを書き込んでいます。プロフィールを読んでから取引を始めなければ、トラブルになりかねないため注意が必要です。

「ペナルティ」

メルカリの規則に違反した場合は、「利用制限」、「無期限の利用制限（アカウントの停止）」、「強制退会」という3段階のペナルティがあります。また、禁止されている商品を出品したり、迷惑行為を行ったりすると、「取引キャンセル」、「商品削除」といった措置が取られます。

「無言評価」

コメントを書き込まず、［良かった］または［残念だった］の選択だけで相手を評価することです。評価のコメントがないと、相手に不快な思いをさせてしまったのではないかと気になります。この場合は、相手がこれまでどのような評価をしてきたのか確認しましょう。どの相手にも無言評価している場合は、気にしなくても良いでしょう。

「横取り」

値下げ交渉で合意し値段が下げられたり、専用出品に切り替えられたりした商品を第三者が購入することです。メルカリの公式ルールでは、商品の購入は早い者勝ちで、購入手続きを始めた人に権利があるため、横取りされても購入したユーザーと手続きを進める必要があります。

「利用制限」

メルカリの利用規約に違反したユーザーに対するペナルティのことです。利用制限中は、出品、購入、コメントの書き込み、［いいね！］を付けるなどの行為が制限されますが、タイムラインを見ることや進行中の取引への対応を行うことは可能です。違反の程度によって、数時間から数日の利用制限が課せられるのが一般的ですが、深刻な違反があった場合は、無期限の利用停止となります。

利用制限中につき

出品 ✕

購入 ✕

コメント 

いいね！ ✕

Key Word 購入時の注意点

購入で失敗しないための注意点

メルカリでは、値下げ交渉で意見が合わなかったり、商品写真と違うものが送られてきたりするなど、トラブルや失敗も起こります。トラブルや失敗を予防するためにも、商品写真や商品説明をしっかりチェックしましょう。

商品写真をしっかりチェックしよう

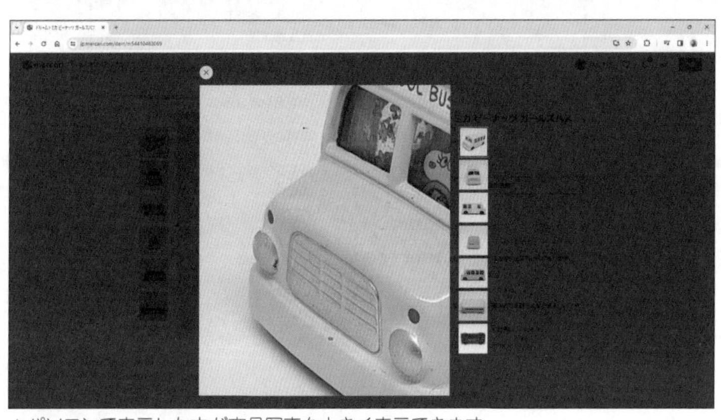

▲パソコンで表示した方が商品写真を大きく表示できます

商品の購入で最もよく起こるのが、商品写真と印象が違うものが届くことです。商品写真に掲載されていたものが届いたけれども、色が微妙に違ったり、思っていた以上にキズが付いていたりするとガッカリしてしまいます。このようなことを防ぐには、まず商品写真をしっかりと確認しましょう。キズや汚れは、写真を拡大表示してくまなくチェックします。また、暗い写真や夜に室内で撮った写真は、写真の色と実際の色が異なる場合があります。その場合は、出品者に昼間に撮影した明るい写真を追加してもらいましょう。

商品説明をよく読もう

商品の説明

ご覧いただきありがとうございます。

品名：ドリームトミカ　ピーナッツ　ガールズバス

子供が遊んでいたため、ところどころ傷や塗装剥がれがあります。

発送は本体のみで、箱はありません。

美品をお求めの方は購入をお控えください。

コメント欄でやり取り中でも、即購入の方が優先になります。ご了承ください。

ご不明点があればコメントよろしくお願いいたします。

#トミカ　#ドリームトミカ　#ピーナッツ
#スヌーピー　#バス

1日前

商品説明には、商品の情報以外に商品の状態や使用期間、使用方法などさまざまな情報が記載されています。それらの情報から、商品がどんな環境で、どれくらいの期間、誰が主に使っていたのか想像しながら商品写真を確認すると商品をイメージしやすいでしょう。また、取引の際の注意事項や値下げ交渉に関するスタンスなどが書かれている場合もあります。「値下げ交渉不可」や「即購入不可」といった独自ルールが定められているかどうか確認し、疑問に思うことがあればコメントで出品者に質問しましょう。

プロフィールをよく読もう

ユーザーネームに「プロフ必読」や「プロフ読んでね」との記載がある出品者は、プロフィールに取引のスタンスや値下げ交渉に関するルールを記載しています。値下げ交渉可/不可や専用出品の対応、即購入可/不可など、取引がスムースに行えるよう、ユーザーが独自にルールを設定しています。気持ちよく取引するためにも、プロフィールをよく読んで、わからないことはコメントで出品者に質問した方が良いでしょう。ただし、あまりに制約が多い場合は、ちょっとしたことでトラブルになるケースもあるため、取引は避けた方がいいかもしれません。

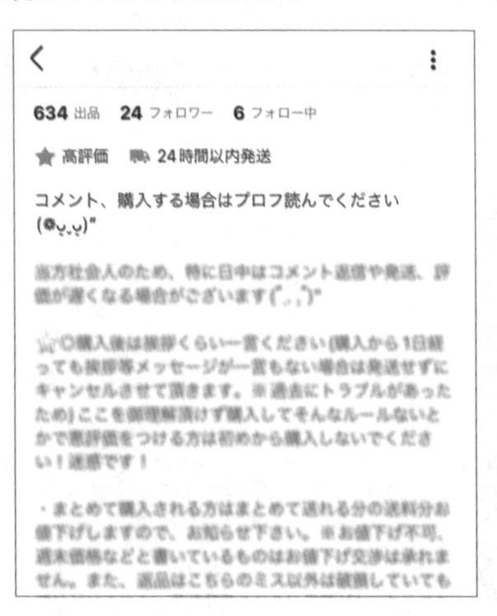

配送方法を確認しよう

意外と見落としやすいのが、配送方法の情報です。メルカリでは、配送料を出品者が負担するケースが多いのですが、それに慣れていると、購入手続きではじめて配送料が購入者負担になっていることに気付くことがあります。販売価格が安い商品や大型の商品などで、配送料が購入者負担になっていることがあるため、注意が必要です。また、メルカリで定められた以外での配送方法を提示された場合は、規約違反であることはもちろん、詐欺の可能性があるため取引は中止しましょう。

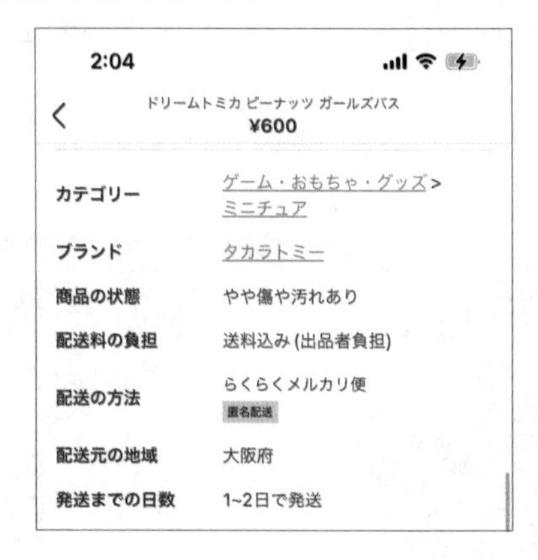

こんな商品は注意しよう

トラブルになる可能性のある商品には、商品写真や商品説明に次のような特徴があります。すべてがそれに当てはまるわけではありませんが、怪しいと感じたら確認してみましょう。

1. メーカー公式の写真ばかり掲載されている

商品写真にメーカーサイトやAmazonからコピーしてきた広告用の写真ばかりが掲載されている場合は、商品が手元にない可能性があります。この場合、商品を発送していないのに受取評価を要求し代金をだまし取る「受取評価詐欺」や発送通知してから9日間受取評価がない場合に代金を受け取れるシステムを悪用する「発送しました詐欺」などの可能性があるため注意が必要です。

2. 同じ商品ばかり販売している

プロフィールを表示した際に、同じ写真の同じ商品が複数ならんでいる場合があります。この場合は、手元に商品がない可能性も否定できません。同じ商品を大量に買い入れて販売しているケースもあるため、一概に怪しい商品とは言えませんが、商品説明をよく読み、プロフィールの内容や評価を確認してから購入を検討しましょう。

3. 商品写真が1枚のみ、商品説明なし

商品の中には、商品写真が1枚だけで商品説明がほとんどない商品が稀にあります。この場合は、情報が少なすぎることから、後からトラブルになったり、確認すべき項目が多くなったりするため、取引を避けた方が無難でしょう。それでも、商品に魅力があるときは、出品者にコメントを送って少しでも情報を引き出してから取引しましょう。

4. 動作未確認の製品

動作未確認の製品は、壊れていたり、電源が入らなかったりする場合があります。商品説明に動作確認について情報が記載されていない場合は、コメントで出品者に質問してみましょう。その際、あいまいな返答の場合は、購入は控えた方がいいかもしれません。

5.商品と商品写真に統一感がなさすぎる

プロフィールを確認した際に、商品と商品写真に統一感がなさすぎる場合は、他のユーザーの商品写真を流用して転売している可能性があります。他のユーザーの商品写真を勝手にダウンロードし、元の販売価格より少し高い価格で出品するわけです。そして、その商品が売れれば、元の商品を購入し発送します。

6.ブランド物なのにそれを証明する写真がない

ブランド物の出品には、それが本物であるかどうかを確認するため、レシートやシリアル番号などの写真の掲載が必要です。本物を証明する写真が掲載されていない場合は、偽物の可能性があります。購入は避けた方が賢明です。また、商品写真にメーカーの写真が使用されている場合も、現状が確認できない、空売りの可能性がある、偽物の可能性があるなどの理由で、購入は避けた方が良いでしょう。

7.チケットを購入するときには注意が必要

メルカリでは、チケットの販売自体は禁止されていませんが、次のようなチケットは出品が禁止されています。また、チケットの出品は、重ならないようにチケットのすべての情報が見えている状態の写真を掲載します。

- 転売目的のチケット
- 使用が本人に限られているチケット・
- 記名式チケットや個人情報の登録のあるチケット
- 予約番号を含めて、手元にないチケット
- 航空券、乗車券、旅行券の販売
- QRコードを含めた電子チケット

こんな出品者には注意しよう

一般ユーザーが気軽に物品を販売でき、収入が得られるところがメルカリの魅力ですが、それゆえに失敗やトラブルが起こります。この章では、メルカリで起こりうるさまざまな失敗やトラブルについて解説します。また、失敗やトラブルを予防するための対策も提示しています。メルカリを気持ちよく使うためにも、どんなことに気を付ければ良いのかしっかり確認しておきましょう。

1. 独自ルールや規制項目が多い

多くのユーザーが、取引に対するスタンスや独自ルールを設定しています。それらはお互いに取引をスムースに進めるためで、それほど不快な思いにはなりません。しかし、「受取評価は商品到着日中に」や「挨拶不要」、「いいね不要」、「NCNR」など、規制項目や独自ルールが多すぎると、取引に慎重にならざるを得ません。取引を始める前には、プロフィールや商品説明を確認して、独自ルールが取引に差し支えない程度かどうかを判断しましょう。

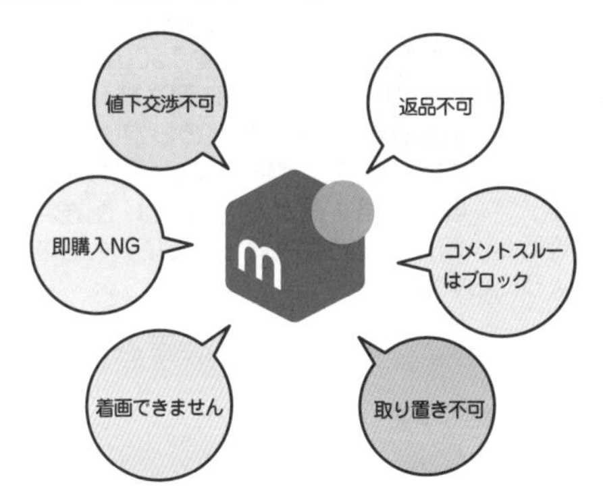

2. コメントへの返事がない

商品を購入する前には、コメントを確認しましょう。質問に対してコメントをすばやくしっかり返信しているユーザーであれば、丁寧な対応を期待できます。しかし、コメントに対して返信しない出品者は、トラブルが起こった場合に連絡が取れない可能性があります。質問に対して、返信がない場合は、取引を避けた方がいいかもしれません。なお、プロフィールや商品説明に書かれている内容を質問すると、返信がないこともあるため、あらかじめプロフィールや商品説明をしっかり読む必要があります。

3. 商品説明が少ない

商品説明の量や質には、購入者への誠意や取引に対する姿勢が表れます。また、商品説明が少ないと、商品の状態が正しく伝わらずトラブルに発展する可能性があります。出品者のどの商品も商品説明が極端に短い場合は、取引を避けた方がいいでしょう。

4. 評価が悪い出品者

メルカリでは、ユーザーの評価は「良かった」、「残念だった」の2段階です。ほとんどの取引は、「良かった」「普通」「良くはないけど悪くはない」の範囲に入り、その場合の評価はおおむね「良かった」になるでしょう。その中で「残念だった」の評価を受ける場合は、よほどの理由があると推測されます。取引の前には、評価をよく確認してから判断しましょう。

が多い

残念だった

SECTION 48

Key Word 出品者の失敗

出品者のありがちな失敗

販売価格に販売手数料を上乗せしなかった、別の商品を送ってしまったなど、出品初心者ならではの失敗があります。出品での失敗は、購入者にも迷惑をかけることになります。どんな失敗があるのか、認識しておきましょう。

販売手数料と配送料を考慮に入れず利益が減ってしまった

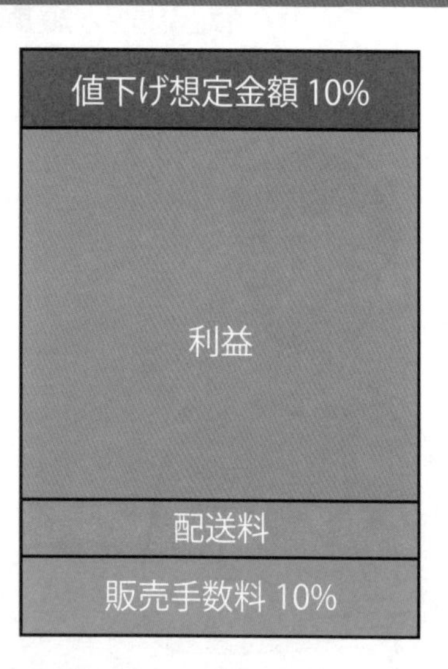

メルカリでは、商品が売れると販売価格の10%の金額が売上金から差し引かれます。販売価格を1000円に設定すると、販売手数料は100円です。さらに配送料が出品者負担なら、配送料も引かれます。販売価格の設定によっては、ほとんど利益が出なかったり、赤字になったりしてしまうこともあります。販売価格を設定する際には、配送料をあらかじめ確認し、10%の販売手数料を考慮に入れることを忘れないようにしましょう。

販売価格の設定を間違えた

販売価格を数値やケタを間違えて大幅に安く設定し、そのまま売れてしまった場合、後から価格の変更はできません。その価格で販売手続きをすることになります。売上金から販売手数料や送料が差し引かれた結果、赤字になってしまうこともあります。赤字になった配送料はメルカリから補償されますが、利益は0円で労力が無駄になってしまいます。販売価格の設定は、慎重に行いましょう。

値引きしすぎて赤字になった

販売することを焦って、大幅な値下げを受け入れてしまった結果、赤字になってしまうことがあります。これは、販売金額から販売手数料と配送料を差し引いた後の金額を把握していないことから起こります。値下げに応じるなら、値下げ分を上乗せして販売価格を設定し、利益が残る最低ラインを確認しておく必要があります。

配送料が思ったより高かった

購入の確定後、商品を梱包したら予定より大きなサイズになってしまい、配送料も高くなってしまったという失敗はよく聞きます。特にまとめ買いに応じる場合、梱包した商品のサイズをあらかじめ確認しておかないと、配送料が利益を圧迫することになりかねません。ある程度交渉が進んだら、商品を梱包しサイズを確認して、最終的な販売価格を設定しましょう。

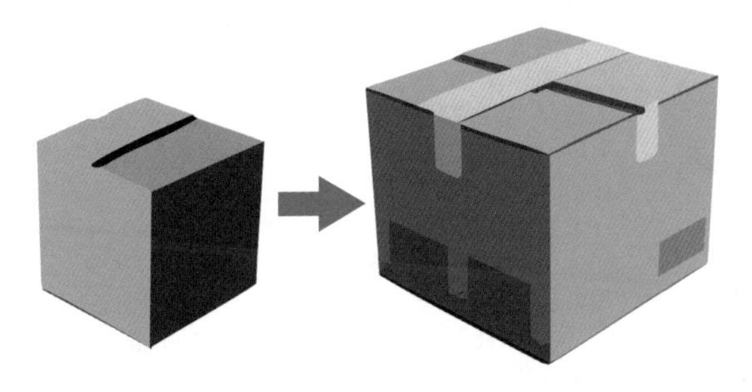

箱のサイズが予定より大きくなってしまった

商品を間違えて送ってしまった

匿名配送の場合、送り状を書く必要がないため、箱のふたを閉めてしまえば、内容物を確認する術がなくなってしまいます。どちらも同じ専用箱を利用している場合は、余計に混乱してしまいます。その結果、商品を取り違えて発送してしまうこともあるでしょう。その場合は、購入者に連絡して、着払いで送り返してもらい、正しい宛先に送り直す必要があります。再発送の配送方法は購入者と話し合って決めます。1つの商品に配送料を3回分支払うことになり、利益はかなり薄くなってしまいます。

違う品物を送ってしまった場合

取り置きの商品を別のユーザーが購入した

値下げ交渉に合意して、取り置きしていた商品を、別のユーザーが購入してしまう場合があります。メルカリの公式ルールでは、商品は早い者勝ちのため、購入したユーザーがペナルティを被ることはなく、出品者は、購入したユーザーと取引を進めなければなりません。このようなことを防ぐには、購入者と手続きを進める時間を決め、それまで出品を一時停止します。時間になったところで再出品し、購入手続きを進めてもらいます。

SECTION Key Word 購入者のトラブル

49 購入者が気を付けるべきトラブル

商品の購入をめぐるトラブルには、購入者自身の確認ミスといったトラブルから、詐欺に巻き込まれるような深刻なものまであります。気持ちよく取引を続けるには、どんなトラブルがあるのか知っておきましょう。

購入した商品が届かない・発送されない

商品が届かない場合は、まず商品ページの［発送までの日数］と商品説明、プロフィール、コメントで、発送までにかかる日数についての情報を確認します。特に発送が遅れる理由について言及がない場合は、［取引画面］の［配送状況］を確認してみましょう。［配送状況］には、荷物の送り状番号も表示されているので、タップするだけで荷物がどこにあるのかを示すことができます。

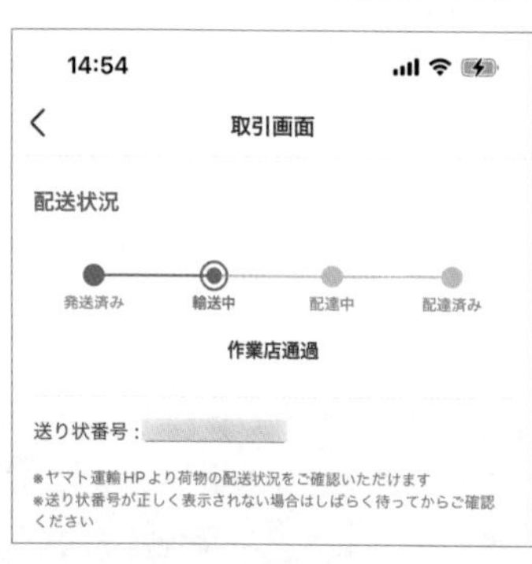

発送通知が送信されていない場合は、まず取引メッセージを使って出品者に発送日を質問してみましょう。なお、出品者が設定した［発送までにかかる日数］を超えても商品が発送されない場合は、双方が合意の上、取引をキャンセルすることができます。

受取通知要求詐欺に注意しよう

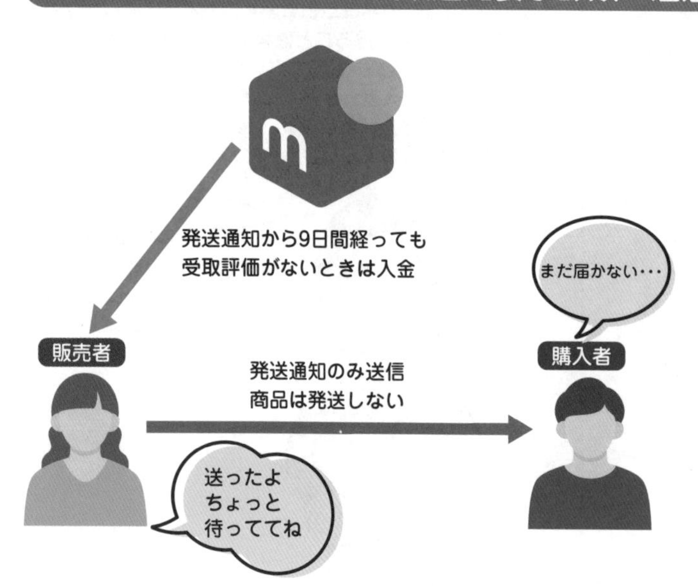

メルカリでは、購入者に商品が届き、購入者が［取引画面］で［受取評価］をタップしてはじめて、出品者に売上金が入金されます。このしくみを悪用したのが、「受取通知要求詐欺」です。受取通知要求詐欺は、コメントを通じて積極的に購入者と連絡を取り、信頼関係を築いておいて、発送通知を送信後に購入者に［受取評価］を送信するように依頼します。出品者のことを信じ切っている購入者が［受取評価］を送信すると、出品者に入金があり、購入者に商品が届かないまま取引が完了するというしくみです。

メルカリのしくみにあまり詳しくないユーザーが、この詐欺に巻き込まれる傾向にあります。メルカリとしても正規の取引手順を踏んでいるだけに、対処のしようがありません。［受取評価］は、商品を受け取り、内容を確認するまでは、決して送信しないように心がけましょう。

発送しました詐欺に注意しよう

発送通知を受け取ったにも関わらず、数日たっても商品が届かない場合は、発送しました詐欺を疑ってみましょう。「発送しました詐欺」は、出品者が発送通知を送信すると、受取評価がなくても9日後の13時以降に商品代金が振り込まれるシステムを悪用した詐欺です。出品者は、実際には商品を発送していないのに発送通知を送信し、その後、購入者からの問い合わせに「配送業者に問い合わせるから任せて欲しい」と言ったきり連絡を絶って9日間の時間を稼ぎ、商品代金を盗み取ります。

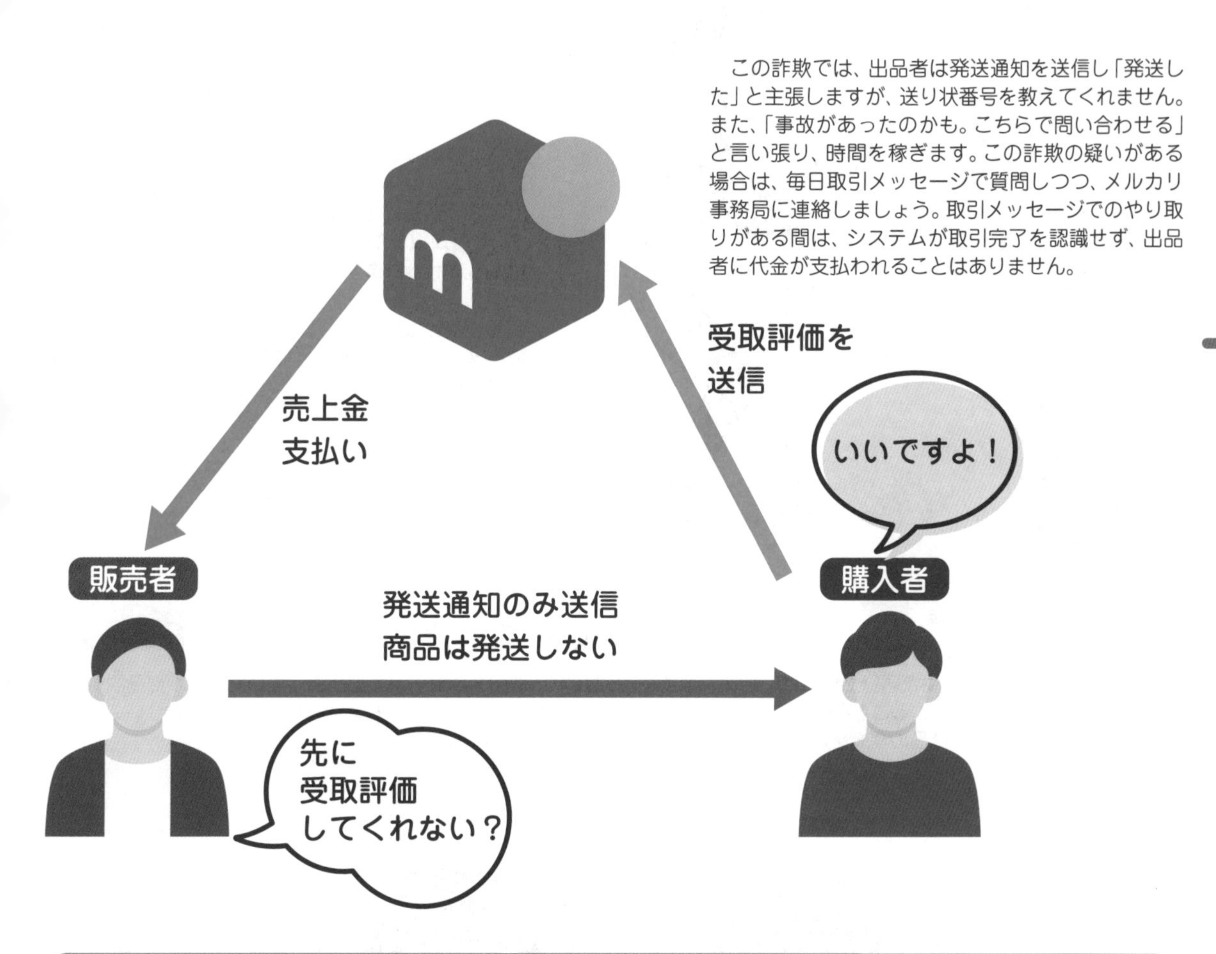

この詐欺では、出品者は発送通知を送信し「発送した」と主張しますが、送り状番号を教えてくれません。また、「事故があったのかも。こちらで問い合わせる」と言い張り、時間を稼ぎます。この詐欺の疑いがある場合は、毎日取引メッセージで質問しつつ、メルカリ事務局に連絡しましょう。取引メッセージでのやり取りがある間は、システムが取引完了を認識せず、出品者に代金が支払われることはありません。

偽ブランド品が届いた

メルカリでは、偽ブランド品撲滅への取り組みとして、「ブランド権利者と協力のうえパトロール」、「テクノロジーを使った不正を見抜く仕組みづくり」、「捜査機関や公官庁とのパートナーシップ構築」、「メルカリの取り組みで安心な取引を実現」の4つを展開しています。それでも、偽ブランド品販売の報告は後を絶ちません。

購入した商品が偽ブランド品だと発覚した場合は、[取引画面] で [受取評価] をタップしてはいけません。受取評価を送信してしまうと、取引が完了したことになり、返品が不可能になってしまうためです。次に、出品者に取引メッセージで偽ブランド品が届いたことを冷静に伝えましょう。出品者が偽物だと気づいていないケースでは、返品に応じてくれる可能性もあります。取引メッセージを送信しても、返信がない場合はメルカリの事務局に問い合わせ、商品が偽ブランド品であることが確認されたら取引がキャンセルとなり返金されます。

送料込みの商品が着払いで届いた

配送料の負担が出品者の商品を購入したのに着払いで届いた場合は、アプリの画面で［配送料の負担］の設定を確認します。メルカリでは、配送料が出品者負担になっているケースが多いため、配送料の負担が［着払い（購入者負担）］となっているのを見落とすことがあります。この場合は、配送料を支払います。

配送料の負担が［送料込み（出品者負担）］となっている場合は、次の2つの方法のいずれかで対処します。

①着払いの料金を支払い、商品を受け取ります。出品者に取引メッセージで、着払いで受け取った旨を伝え、出品者の残高から購入者の残高への返金を協議します。同意が取れたら、メルカリ事務局に状況を連絡し対処してもらいます。

②商品の受け取りを拒否し、商品を出品者に戻します。取引メッセージで着払いで届いた旨を伝え、再発送を依頼しましょう。

商品説明と異なる商品や壊れたものが届いた

商品が商品説明と異なる物が届いた場合は、受取評価は送信しないで、取引メッセージで出品者に届いた商品が商品説明と違うことと、取引をキャンセルすることを伝えます。取引メッセージを送信後24時間経っても返信がない場合や話し合いの合意に至らない場合は、事務局に商品の写真を送付し、商品の状態を確認してもらいます。

商品写真と色が違う…

トラブルが起きたらメルカリに問い合わせよう

●ヘルプセンターを表示する

下部のメニューで［マイページ］をタップし、［ヘルプ］にある［ヘルプセンター］をタップします。

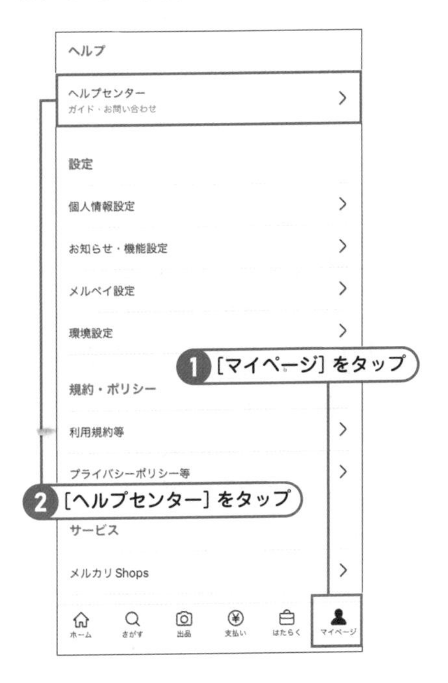

●トラブルの種類を選択する

［ガイド］が表示されるまでスクロールし、トラブルの項目をタップします。なお、ここでは［購入］をタップします。

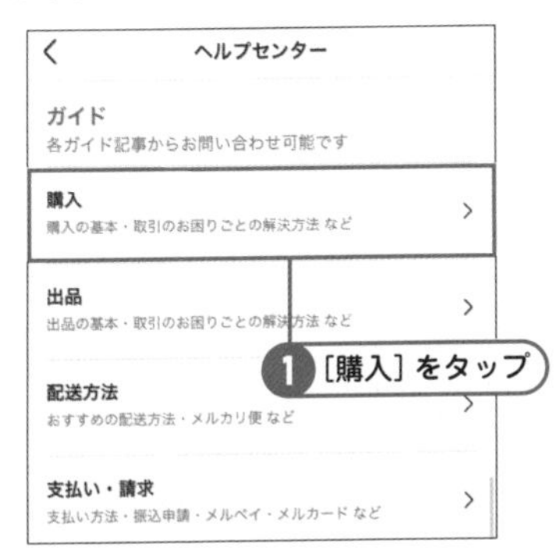

メモ　メルカリへの問い合わせ方法を知っておこう

トラブルが起きた場合に、コメントや取引メッセージで取引相手と話し合っても解決できないときは、メルカリに問い合わせましょう。メルカリが間に入って、返品や返金など、トラブルの解決方法を提示してくれます。トラブルに備えて、メルカリへの問い合わせ方法を確認しておきましょう。

●トラブルのカテゴリーを指定する

該当する項目をタップします。ここでは、［購入した商品について］をタップします。

●商品の状態を指定する

問題に該当する項目をタップします。ここでは［発送後の商品について］をタップします。

●トラブルの内容を指定する

トラブルに該当する項目をタップします。ここでは、[取引をキャンセルしたい] をタップします。

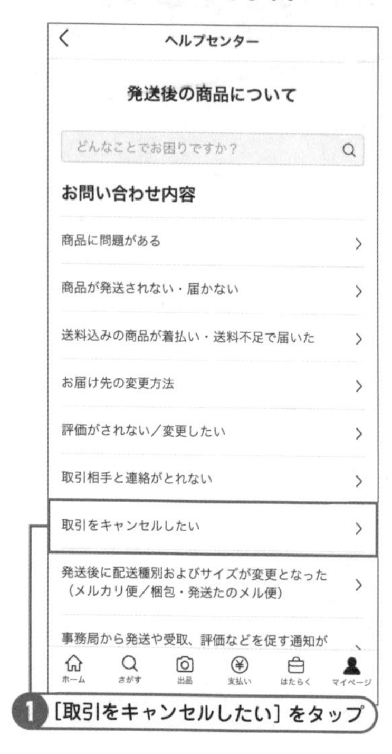

●解決法を確認する

取引をキャンセルする手順や方法、トラブルの解決法などが記載されているので、よく読んで確認します。

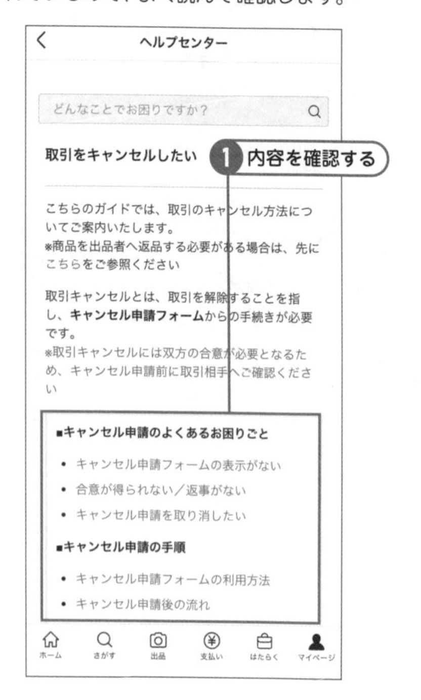

●トラブルをメルカリに問い合わせる

解説通りにしてもトラブルが解決しないときは、最下部を表示し、[お問い合わせはこちら] をタップします。

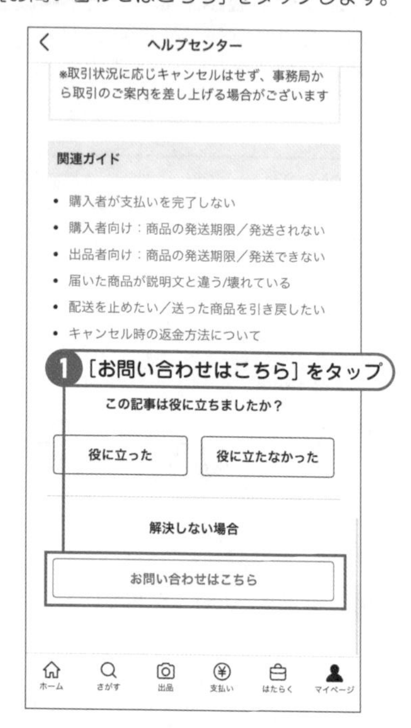

●問い合わせ項目を選択する

[お問い合わせ項目] の内容を選択します。

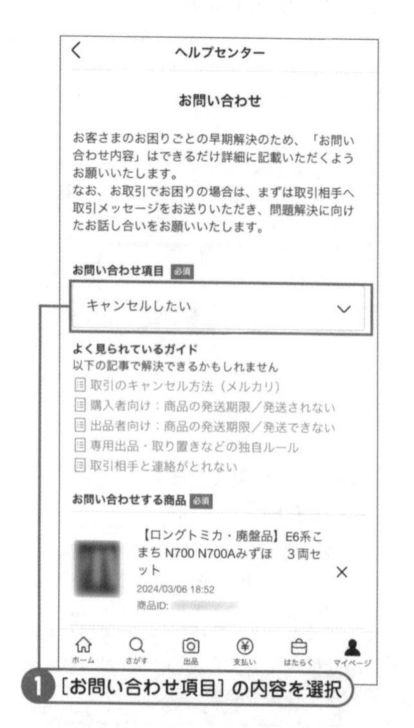

●メルカリに問い合わせる

問い合わせる商品を選択したい場合は、[別の商品を選択する] をタップし、目的の商品を選択します。[お問い合わせ本文] に問い合わせる内容を入力し、[送信する] をタップします。

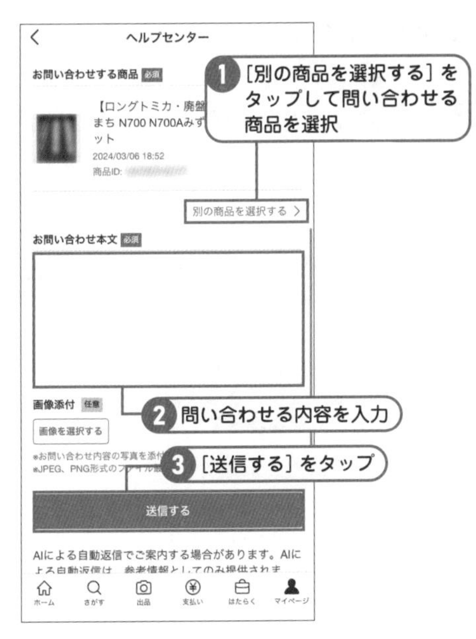

商品を指定して問い合わせる

●トラブルのある商品を選択する

ヘルプセンターを表示し、[お取引でお困りですか？] で、トラブルのある商品をクリックします。

●トラブルに該当する項目を選択する

トラブルに該当する項目をタップします。ここでは、[商品に問題がある] をタップし、さらに項目を選択して問題を絞り込みます。

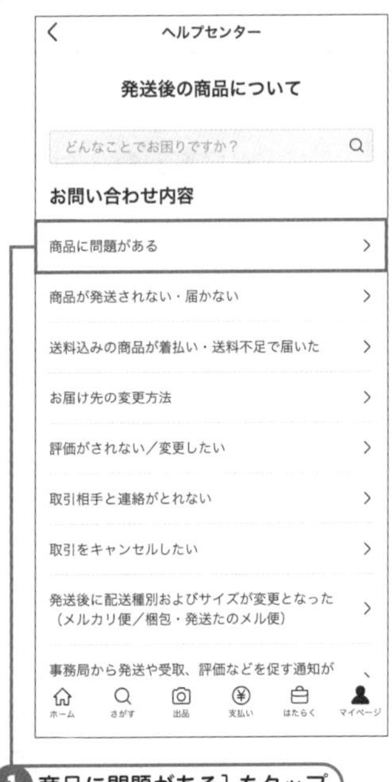

●トラブル解決方法を確認する

該当する項目の解説を読んでトラブルを解決しましょう。トラブルが解決しない場合は、この画面の最下部にある [お問い合わせはこちら] をタップしてメルカリに問い合わせます。

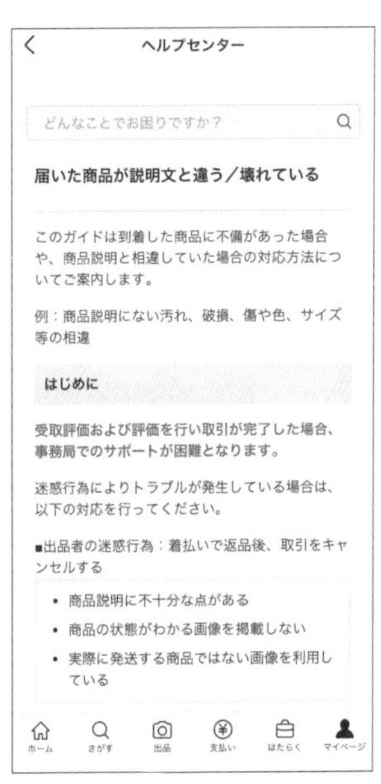

SECTION 50

Key Word 出品者のトラブル

出品者が気を付けるべきトラブルと対策

出品者が気を付けるべきトラブルは、主に注文と入金に関するものです。受取評価されない、別の商品と入れ替えて返品されるなど、悪質なケースもあります。出品者にどのようなトラブルがあるのか、あらかじめ確認しておきましょう。

すり替え詐欺に注意

出品者が商品を適切に配送し、後は購入者からの受取評価が来るのを待っている状態で、返品したいという依頼が届いた場合は「すり替え詐欺」の可能性があります。この場合、購入者に送った商品と異なる物が返品されます。購入者に返品を受け付けない旨を伝えると、写真を捏造したとメルカリ事務局にクレームを入れ、出品者は返品を受けざるを得なくなります。

すり替え詐欺への対策としては、製品シリアル番号や商品の特徴となる部分の写真を撮っておきましょう。詐欺にあった場合には、返品されたものと比較して偽物であることを証明します。

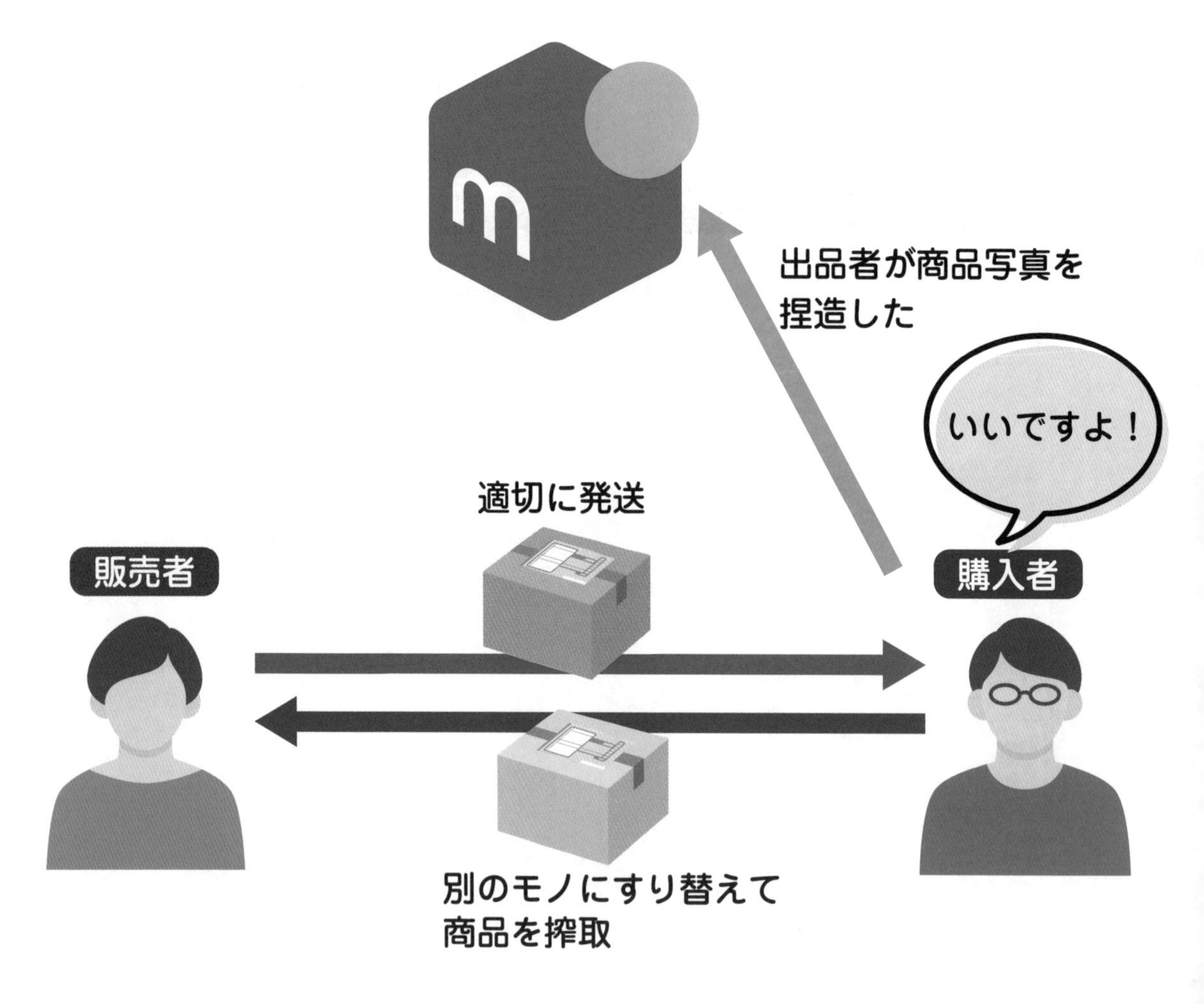

商品を発送したのに受取評価をしてくれない

適切に商品を発送したのに、受取評価をしてくれない場合は、まず取引メッセージで受取評価を促してみましょう。単純に評価するのを忘れている場合は、すぐに対応してもらえます。しかし、連絡がなければ、発送通知から9日後の午後に自動的に受取評価が付けられ、売上金が入金されます。

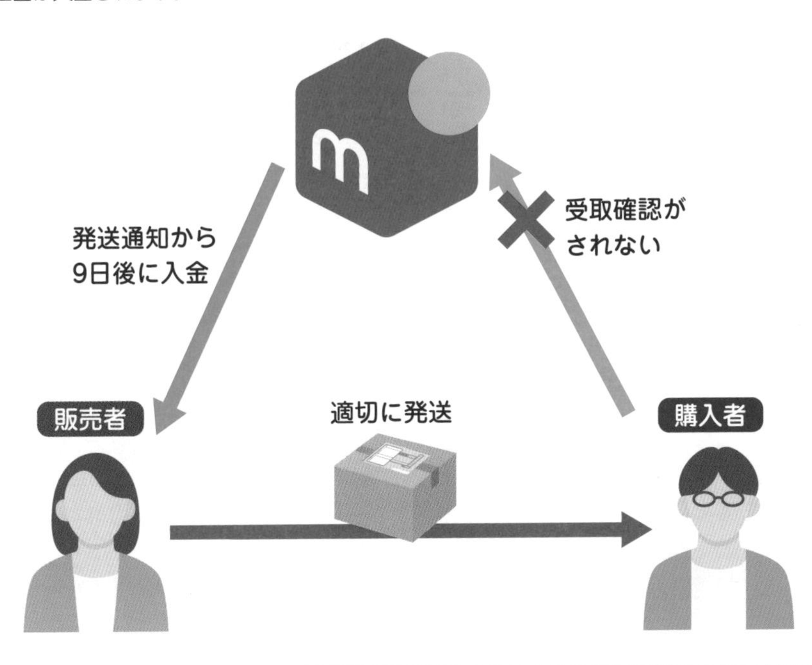

取り置きしたのに購入されない

購入者から依頼され、専用ページを作成して商品を取り置きしたのに、購入されないことがあります。出品者は、取り置きすることですぐに売れることを期待したのに、なかなか売れずにモヤモヤします。この場合は、取り置きする期間を決めて、それ以降は通常の販売に戻すことをあらかじめ伝えておきましょう。

用語索引

●あ行

●か行

●さ行

●た行

●な行

●は行

●ま行

●や・ら・わ行

●英数字

■本書で使用している機材・ツールについて
本書は、一般的に利用されているスマートフォン・タブレット・パソコンを想定し手順解説をしています。使用している画面や機能の内容は、それぞれのスマートフォン・タブレット・パソコンの仕様により一部異なる場合があります。各スマートフォン・タブレット・パソコンの固有の機能については、各スマートフォン・タブレット・パソコン付属の取扱説明書またはオンラインマニュアル等を参考にしてください。

■本書の執筆・編集にあたり、下記のソフトウェアを使用しました
Windows11 / iOS / Android / メルカリアプリ

スマートフォン・タブレット・パソコンによっては、同じ操作をしても掲載画面とイメージが異なる場合があります。しかし、機能や操作に相違ありませんので問題なく読み進められます。また、Instagramアプリについては、随時アップデートされ内容が更新されますので、掲載内容や画面と実際の画面や機能に違いが生じる場合があります。

■ご注意
(1)本書は著者が独自に調査をした結果を出版したものです。
(2)本書は内容について万全を期して作成いたしましたが、万一、ご不備な点や誤り、記載漏れなどお気づきの点がございましたら、弊社まで書面もしくはメール等でご連絡ください。
(3)本書の内容に基づいて利用した結果の影響については、上記2項にかかわらず責任を負いかねますのでご了承ください。
(4)本書の全部、または、一部について、出版元から文書による許諾を得ずに複製することは禁じられております。
(5)本書で掲載しているサンプル画面は、手順解説することを主目的としたものです。よって、サンプル画面の内容は、編集部および著者が作成したものであり、全てはフィクションという前提ですので、実在する団体・個人および名称とはなんら関係がありません。
(6)本書の無料特典は、ご購読者に向けたサービスのため、図書館などの貸し出しサービスをご利用の場合は、無料のサンプルデータや電子書籍やサポートへのご質問などはご利用できませんのでご注意ください。
(7)本書の掲載内容に関するお問い合わせやご質問などは、弊社サービスセンターにて受け付けておりますが、本書の奥付に記載されていた初版発行日から2年を経過した場合、または、掲載した製品やサービスがアップデートされたり、提供会社がサポートを終了した場合は、ご回答はできませんので、ご了承ください。また、本書に掲載している以外のご質問については、サポート外になるために回答はできません。
(8)商標
iOSはApple. Incの登録商標です。
AndroidはGoogle LLCの登録商標です。
その他、CPU、アプリ名、企業名、サービス名等は一般に各メーカー・企業の商標または登録商標です。
なお本文中ではTMおよび®マークは明記していません。本書の中では通称もしくはその他の名称を掲載していることがありますのでご了承ください。

■著者紹介

吉岡　豊(よしおか ゆたか)

プロフェッショナル・テクニカルライター。
長年にわたりパソコン書の執筆を担当し、最近はＩＴ関連書でも活躍しており、多くの読者から支持されている人気ライターである。特に、Excel、Word、PowerPoint などのOfficeアプリに関しては造詣が深く、これまでに数多くの著書を出版している。また、ビジネスマン向けのIT系Webサイトでの寄稿実績もあり、記事のクオリティが高く評価されている。これまでに合わせて100冊以上の著書を発刊している。

■本文イラスト

近藤妙子(Nacell)

■デザイン

金子　中

はじめてのメルカリ

発行日　2024年 5月 5日　　第1版第1刷

著　者　吉岡　豊

発行者　斉藤　和邦
発行所　株式会社　秀和システム
〒135-0016
東京都江東区東陽2-4-2　新宮ビル2F
Tel 03-6264-3105（販売）Fax 03-6264-3094
印刷所　株式会社シナノ　Printed in Japan

ISBN978-4-7980-7213-5 C3055